U0222358

科学之美 人文之思

科学之死

20世纪科学哲学思想简史

马建波 著

上海科技教育出版社

目录

上帝死了！上帝真的死了！是我们杀害了他！我们将何以自解，最残忍的凶手？曾经是这块土地上最神圣与万能的他如今已倒卧在我们刀下，有谁能洗清我们身上的血迹？有什么水能清洗我们自身？

—— 尼采：《快乐的科学》

致谢

本书的写作思路和主体脉络，大约在五六年前便已成型，只是当时正忙于另外一本书的撰写，未能立即着手实施。2015年底，那本书稿在一路磕磕绊绊中杀青，然而，由于某种不可抗拒的原因，出版受阻，一拖经年，至今仍然待字闺中。好在所谓“祸兮福所倚”，这种状况加快了本书的写作进程。在确定上本书稿短时间内无望出版之后，我于2017年国庆节期间决定提前动笔写作本书。相比起来，此次写作颇为顺风顺水，历时百余日便得以完成。

本书涉及的主要内容，在我给研究生开设的课程“科学知识社会学”中都讲到过。与历届学生的交流和探讨，令我获益匪浅，在此不一一具名感谢。乔宇同学和刘春晖同学通读了书稿，提出了许多建设性意见，乔宇同学还帮忙绘制了书中的插图，并编制了中外文人名对照表。

本书的顺利完成，首先要感谢王鸿生老师一直以来的支持和鼓励。王师无论日常中的关怀，还是学术上的教诲，都令我终身受益。这些构成了写作本书最为强劲的动力。

好友王洪波曾经与我共事多年，若非他的牵线搭桥，本书的出版估计还会大费周折；吕文浩兄与我只有一面之缘，但他总在我状态低迷的时候给予我强有力的信心。感谢他们。

感谢上海科技教育出版社的王世平女士和王洋女士。王世平女士虽然缘悭一面，但她在电话里的果断和爽朗让人印象深刻，她的这种气质为本书的出版奠定了良好的基础。王洋女士认真细致的工作态度和优秀的专业素养是无可挑剔的，由她负责编辑工作是本书的幸运。

本书获得北京市科学技术协会的“青年科普图书”资助项目的支持，孙涛师弟大力帮助我妥善处理了与之有关的各种事务性工作，在此一并致谢。

最后，感谢我的家人给予我的温暖和精神上的慰藉。特别是我的妻子何伦华女士，虽然她自己承担着极其繁重的科研任务，但她仍然以最大的耐心包容我的各种任性和幼稚。我的儿子马寒曦则以他优异的表现，让我能更加专注于写作。因为他们，我的人生包括本书的写作，才获得了意义。

序

思想史研究的一个尝试

一

首先必须要声明的是，本书的意图并非重复老套的科学终结论。如果历史果真有着某种内在的相似性的话，过往的经验显示，科学终结论要重新流行，还需要六七十年的时间。它一般在世纪末才会出现，而现在新世纪刚刚过去20年。

有关科学终结的鼓噪，在19世纪末端和20世纪晚期都曾经流行一时。这两次鼓噪虽然看起来有点类似，但从根本上来说完全不同。19世纪说科学终结的人，主要是科学家，而且是一流科学家。他们在表达这种论调时，满是自信豪迈之情，而无任何伤感颓丧之意。他们认为科学距离认识的终点——洞悉这个世界的所有秘密，只有一线的距离。“科学已经结束了”，于他们而言是一个胜利的宣言，而非失败的哀叹。而20世纪说科学终结的人，主要是喜欢制造耸人听闻的消息的八卦记者。霍根在畅销书《科学的终结》中宣称，人们已经不可能再有类似于牛顿体系和相对论那样伟大的发现了，激动人心的科学革命的时代已经一去不复返。他依据的是一系列对当代顶尖科学家和哲学家的采访。这些访谈留给他的印象是，人类智力的潜力已然被开发到了极限，面对浩瀚的宇宙，现在和将来的人们都无法产生比前人更深刻的洞见了。霍根的“科学终结论”，充斥着对人类即将江郎才尽的无限惋惜和失落。

显然，19世纪的科学家过于乐观地估计了人类的智力水平，而20世纪的霍根则站在了另外一个极端。科学不可能停留在某个位置上从此裹脚不前，它日复一日地高歌猛进，没有迹象表明在可以预见的将来这种状况会戛然而止。即使我们这代人看不到科学再次发生革命性、颠覆性的变化，但将来的人们肯定能。对此，我深信不疑。

那么，本书所谓的“科学之死”是什么意思呢?

我们先从两部同类型的文学作品说起。其中之一是凡尔纳的科幻小说《神秘岛》。凡尔纳在国内即使说不上家喻户晓，也应该算是知名度很高的科幻小说家了。《神秘岛》是他的代表作之一。这本书描写了美国南北战争期间5个北军战俘不幸流落荒岛之后发生的一系列故事。在流落荒岛之初，除了随身衣物，一只手表，一颗偶然夹在衣服中的麦子，他们一无所有。所幸他们之中有一个博学的工程师，凭借他所掌握的科学技术知识，这一小群人在短短的几年时间里，修建了堡垒，炼出了钢铁，制造了枪炮，种植了小麦，烘焙了面包，驯化了野鹿，总之建成了一个微型的文明社会。另外一部是好莱坞著名的经典科幻电影《终结者》。这部电影讲述了一个充满奇幻色彩的故事。未来的某个时间，人类创造出来的电脑网络产生了意识，它想成为世界的主宰者，为了保护种族的自由和延续，人类不得不奋起抵抗这个他们创造出来的“怪物”。为了干脆利落地取得与人类战斗的胜利，具有自主意识的电脑网络想到了一个绝妙的主意，它派遣一个机器人从未来穿越到现代，准备在未来人类抵抗组织领袖出生前将他的母亲干掉。只要能把心腹大患从根本上扼杀于摇篮之中，这场战斗的胜负就没什么悬念了。人类抵抗组织洞悉了电脑网络的奸谋，他们也派出了一名人类战士穿越过来拯救领袖的母亲。于是，一场殊死的惊天搏斗就此展开。

《终结者》上映的时间与《神秘岛》出版的时间大约相距100年，稍加审视，我们就能发现，两者对科学的态度有巨大的不同。《神秘岛》用一种生动的笔调和曲折的故事情节，诠释了培根那句名言："知识就是力量"。科学在它那里是给人带来光明、财富和力量的源泉，是人类文明进步最为重要的基石。而在离奇的故事情节和火爆的场景背后，《终结者》表达了对于科学一往无前的发展的深深疑虑。科学不仅未必一定给人类带来福祉，相反，它很可能成为人类文明的"终结者"。

简单地把《终结者》中隐含着的对科学进步的不安情绪，归因为商业电影考虑利润而采取的制造噱头的策略，是不明智的。20世纪80年代之后，有关科学的文学作品，像《神秘岛》那样对科学和人类的未来抱有一种纯然乐观态度的少之又少，而采取的几乎都是类似《终结者》那样的视角。这并不奇怪，因为流行的大众文化在一定程度上是由文化精英主导的，而"批判科学"的立场占据了20世纪晚期最后20年的精英文化的主流地位。

因此，本书所说的"科学之死"，指的是发生在20世纪西方思想中，科学形象的断裂式变化。自近代科学革命以来，特别是启蒙运动之后，科学一直被认为是人类理智王冠上最璀璨的明珠，是人类自由、进步和解放事业的天然盟友；它是对自然最忠实的记录，是对真理最为接近的描述，同时也是唯一能够完全超越阶级、民族、种族、国家、地域、社会的普遍的文化体系。但是，20世纪晚期，这样的科学形象在相当大的程度上被另外一种完全不同的画面取代。在由哲学家、社会学家、文学家、环保主义者、社会批判论者，以及小部分科学家组成的反科学同盟军的笔下，科学变成了意识形态（或者其中的一部分），它是统治阶级最为凶悍的看门狗，是既得利益阶层（政府、军队、大型跨国公司）榨取人们剩余价值的工具，是控制和奴役人们思想的有力器械；它既不客观也不中立，其中渗透着统治阶级的阶级意志、性别和种族的歧视。科学不仅不是人类自由、进步和解放事业的盟友，当它与强权勾结在一起之后，反而成了人类这些最宝贵事业的最大障碍。这两种不同形象之间强烈的反差，令人咋舌。毫不夸张地说，科学从人类高高的神圣祭坛上被打落下来，跌得粉身碎骨。

尼采在19世纪晚期高调地宣布说上帝死了，在西方世俗化的浪潮之下，人们用锋锐的理性之刃谋杀了他。借用尼采的这一说法，在20世纪，人们用同样的工具谋杀了上帝之后人类最伟大、最神圣的图腾——科学。这就是“科学之死”的来历。

因此，必须要作的第二个声明是，“科学死了”不是我的主张。如果把上述科学的形象转换过程比喻为一幕悲剧，那么我不是作者，而只是一个见证者和诚实的记录者。

二

20世纪晚期反科学思潮的出现，有着各种各样的原因，本书无法完成对整个故事的描述。但在我看来，其中一个最重要的方面，由20世纪科学哲学的逻辑展开所推动。

在《近代物理科学的形而上学基础》中，伯特说中世纪和近代最明显的区别，是人们刻画和理解自然的关键词完全不同。中世纪的人们用实体、因果性、本质、形式、质料等词来研究自然，而近代的人们则用力、速度、质量、空间、时间等词替代了它们。正是从这一点出发，伯特解读了近代科学革命发生的形而上学的根源。同样的现象，我们在20世纪前期和晚期的科学哲学中也能看到。随意打开两本书，比如说波普尔的《科学发现的逻辑》以及拉图尔的《实验室生活》，前者的关键词是辩护、合理性、归纳、证实、证伪、基础陈述等等，而后者的关键词则变成了建构、磋商、信用、无序、利益等等。如果一个对地球文明不甚了了的外星人光临地球，把这两本书给他看，他应该很难正确地判断出它们研究的对象是同一个东西。科尔把像拉图尔这样的建构主义的出现，称为科学哲学在20世纪一场革命性的视角转换。本书的主旨，就是试图勾勒出这种转换的过程和逻辑脉络。

我在“致谢”中提到，本书的框架和思路在五六年前已经大致形成，实际上，引发写作本书的问题和尝试写作本书的念头出现得还要早很多。大约在我读科技哲学专业研究生的时候（20世纪90年代后期），国外当红的反科学思潮也开始在国内有些零星的介绍。作为一个正统理科出身的人（我的大学本科修习的是物理学），我在初次接触到这些思想的时候大惑不解甚至义愤填膺，为什么人们对科学的蓄意诋毁能够达到如此的程度？面对扑面而来的反科学思潮，并非只有像我这种初出茅庐的新人才手足无措，整个国内学术界大约也都是一样的。当时，广为流传的一种观点认为，西方反科学思潮之所以出现，是因为他们的思想史上有过启蒙运动，理性主义的成分在其中的浸润太深厚了，所以反科学思潮（即非理性主义）的出现，是对这种状况的一种反叛。好比人们大鱼大肉吃多了，需要吃点粗粮野菜来调剂一下胃口。因此，这些思想对中国来说危害更烈，毕竟中国思想传统中没有经历完整的启蒙过程，各种非科学的迷信，如特异功能之类的文化现象，本来就非常流行，科学的根基并不牢固。

在很长一段时间内，上述观点构成了我理解西方反科学思潮的基础，并深为其中的洞见和睿智所折服。不过，随着学习的深入和视野的拓展，我发现这种观点完全是似是而非的。如费耶阿本德，人们一般喜欢将其思想称为“非理性的科学哲学”，他强力反对科学的真理性和客观性，并反对科学中存在任何规范的方法。但“非理性”只能用来形容他的结论，而不能用来修饰他的整个思想。他的论证不仅不是很多独断论者喜欢的箴言式的写作方式，而且可以说充满了十足的理性主义气息，逻辑严谨、层层推进。而如拉图尔的建构主义，虽然它描述的科学的图景与传统的科学观大相径庭——拉图尔不仅认为科学像商业和政治谈判一样，是人们磋商的结果，而且从根本上认为自然在科学形成的过程中毫无地位可言，但是拉图尔的作品同样充满理性主义的色彩，甚至他本人坚持认为他之所以得出这个结论，恰好是贯彻自然科学的研究方法的结果。

所以，反科学不等于反理性，反科学的结论完全可以来自理性主义细致的逻辑推演。20世纪晚期的反科学思潮，绝大多数富含理性主义的气息。而20世纪科学哲学对科学的思考，在其中扮演了极其重要的角色。具有讽刺意味的是，20世纪的科学哲学是从为传统科学观的辩护开始的。也就是说，最早的科学哲学家们，是把科学知识作为人类知识中最独特、最纯粹、最具客观性的那部分来看待的，他们试图为它的这种特质找到一个坚实的、合理的基石。事与愿违的是，他们不仅没能做到这一点，反而动摇了人们对它这一特质的信心。最终的结果是，传统的科学形象没能得到维护，却促成了它的对立面——另外一种大部分人从情感上来说完全不可接受的形象，大行其道起来。

一言蔽之，本书将要表明的是，从传统的科学形象，到反科学的科学形象，中间有着清晰的逻辑线索，并无任何荒唐和诞妄之处。如果有人一定要把反科学的科学形象斥之为“荒谬”，那么这种荒谬也是一种自然而然、顺理成章、水到渠成的充满逻辑的荒谬。

三

本书不打算写成一部详细完整、面面俱到的科学哲学史。坦率地说，这样一种方式更可能因为其流派众多、观点纷呈陷入技术性细节之中，而无助于实现上述目的。本书想要做的是对20世纪的科学哲学进行一种思想史的探究，也就是找出它的核心问题，考察不同时期人们对其的回答，并且在此基础上研究这些回答如何推动了这个核心问题沿着不同的路径展开。这将凸显出人类思想的内在统一性，以及清晰地揭示出理性的反科学思想是怎样一步步从人们为科学的辩护中产生出来的。

本书的这一思路，深受《存在巨链》的启发。洛夫乔伊在这本书中认为，人类思想传统中存在某些“单元观念”。正如物质世界的多样性是数量有限的基本原子不同的排列组合的结果一样，人类思想世界的丰富性同样来自为数不多的单元观念在不同时代的展开和重组。从柏拉图的思想中，洛夫乔伊找到了他称之为“充实性原则”“连续性原则”“充足理由原则”的三种单元观念，并根据它们对西方思想史进行了梳理和解读。他的解读与一般编年体的、以个体思想为脉络的哲学史或思想史不同。后者从形式上来看，也有纵向的时间维度，但实际上是一种横向的、断面式的研究，从根本上来说它并非一种真正意义上的“历史”考察。它注重的是某个思想与其所处时代的社会历史情境之间的关系，以及这种思想与同时代其他思想的融合或冲撞，并且它主要把研究的重心放在具体的个体思想家身上：他提出了什么问题、他如何具体回答或者说回避这些问题等等。洛夫乔伊虽然认为时代背景对其中的思想具有重要的影响，但是他更加强调人类思想运动的连续性。用比较浅白的话来说，他认为人类思想史的演进由那些基本的单元观念的逻辑展开所决定，每个时代的思想家们提出的问题看上去有非常大的差异，但实际上已经包含在单元观念之中。比如说，古希腊人认为宇宙是唯一的，而近代之后的人们认为宇宙是无限的，这看上去明显对立；但洛夫乔伊认为这种对立只是表面上的，它们都根植于“充实性原则”。（他对此问题的具体论述请参阅本书第四章。）

不难看出，洛夫乔伊主张的是另一种意义上的“历史决定论”，他不认为一个时代的思想是纯粹的人的精神世界对该时代特征的反映，时代的风尚只是给人的精神世界增添了更丰富的材料，而精神世界的内核和它的自我展开却遵循自身的内在逻辑。他的这种思路可以用一棵树来比喻。人类思想史就是一棵巨大的树，不同的树枝和不同的树叶对应着不同的时代和不同的个体思想家。这棵枝繁叶茂的巨树虽然每一根树枝、每一片树叶都形态各异、各具特色，但是它们都是从同一个树根上生发出来的。当然，洛夫乔伊并没有冒昧地认为人类思想中的单元观念只有他总结的那三个，而是还有很多，所以准确地说，他把人类的精神世界看成一个绵延的茂密森林。这片森林中充满了不同种类的植物，虽然看上去斑斓而驳杂，但根本上都有某种内在的、盘根错节的联系。按照他的这种思路，思想史的首要任务不是研究人们具体怎样回答问题，而是要弄清楚他们为什么要提出那样的问题。

洛夫乔伊对思想史的描述既是宏大而壮阔的，也是简洁而优美的。他把人类看上去支离破碎的精神世界统一起来，显现出其中内在的秩序性和完整性。就像现代科学把纷繁复杂的自然万物统一起来，显现出了其中的规律性和秩序性一样。也正因为如此，他的这一想法遭受了严厉的批评，因为很多人无法接受一种决定论的观点，他们只有在一个散漫和杂乱无章的世界里才觉得能够畅快和自由地呼吸，一个被决定、被支配的精神世界，不论起决定和支配作用的东西是什么，他们都认为是对人的自由天性的压制和戕害。

我对庞杂的思想史能否还原为数量有限的单元观念抱有疑虑，但对洛夫乔伊描绘的人类思想史的统一图景，充满了迷恋和向往。至少，我发现，当把他的研究思路运用于20世纪科学哲学发展的历史研究时，能帮助我们更加容易地把握那些看上去完全不同的主张背后的内在关联。

与洛夫乔伊不同，我认为在人类思想运动中起到主导作用的不是单元观念，而是单元问题。因为单元观念很难被清晰地界定，人们几乎不能就此达成共识。而在自然科学中，科学家们对什么是原子的理解是高度一致的。洛夫乔伊虽然就什么是单元观念提出了若干条限制性原则，但这些原则都缺乏足够的明确性。但是，我认为在一个特定思想领域中的某个特定时段，人们要找出其中的核心问题并不困难，而且达成共识的可能程度也会很高。如果一个特定时段内，某个特定思想领域由某个或某些核心问题的转换和逻辑展开所推动，这样的问题就是“单元问题”。

20世纪的科学哲学至少有三个彼此不同但相互联系的单元问题。第一个问题是“科学知识为什么是合理的”，第二个问题是“科学知识的结构如何”，第三个问题是“科学说明和预测的模式是什么”。这三个问题代表了科学哲学不同的发展方向，其中第一个问题更基本，它在一定程度上决定着后面的两个问题，后面两个问题则具有非常紧密的相关性。另外，第一个问题有一个派生问题，也就是“科学与非科学有无明确界线”的划界问题。（沿着这种思路，有人也许会认为应该有第四个问题“科学发现的模式是什么”，或者用现在流行的术语来说就是“科学创新”的问题。这个问题当然很重要，但它更多的属于一个社会学和心理学层面的问题，科学哲学虽有涉及，但从其在20世纪的内容来看，这个问题并不居于核心的地位。）

其中，本书重点研究的是第一个问题。20世纪科学哲学的主要流派由这个问题的展开所主导，科学之死也是这一展开的一个合乎逻辑的结果。

四

从历史的渊源来说，科学知识的合理性问题与近代哲学家们对认识问题的争论相关。不过那个时代，人们争论的焦点并非“知识为什么是合理性的”，而是“知识的真理性如何获得或者说如何保证”。换句话说，人们在一开始并不觉得知识的合理性是一个问题，这是不言自明的，人肯定能够把握真理，关键是它来源于理性的直观还是感官的经验。对这个问题不同的回答对应着人们通常称为“理性主义”和“经验主义”的两种流派。从这一点来看，一般的哲学史过度强调了二者的对立，二者之间的分歧并没有想象中的那样巨大。“理性”与“经验”于二者而言都不是二选一的，它们都认为人的认识建立在二者的基础上，分歧只在于哪个更重要，哪个居于支配地位而已。

遗憾的是，休谟的横空出世，直接破灭了人们关于真理的迷梦。他用一种彻底的经验主义立场和一种极端的理性主义分析，终结了人们寻求确定性的可能性。在休谟看来，人们在心灵当中确实可以构想出各种各样的真理体系，但它们于真实的外部世界而言却没有任何用处，只不过是一些自娱自乐或者说自欺欺人的东西；而建立在经验基础上的知识，从根本上来说只是心灵的习惯性联想，它既不绝对真实也不绝对可靠，或者说它既不能被证明是绝对真实的，也不能被证明是绝对可靠的。

休谟给人类的认识蒙上了一层巨大的阴影，或者说挖出了一个巨大无比的坑。20世纪早期的逻辑经验主义者意识到了休谟挖出的坑是无法填补的，因此通过冠冕堂皇地“拒斥形而上学”，把近代的“知识的真理性”问题，转化为了当代的“科学知识的合理性”问题。逻辑经验主义者尝试从两个层面来克服休谟带给人类的认识危机。第一，他们认为存在客观中性的经验事实，而科学知识是对其的归纳和概括，所以科学知识是客观的、纯粹的，与人的主观偏见毫无关联。第二，他们认为存在普遍、规范的认识方法，科学知识就是严格按照它们建立起来的。如果这两点都能得到恰当的说明，那么虽然科学知识不能说是真理，但也是某种程度上对真理的接近，而非像休谟所说的那样只是基于毫无根据可言的习惯。

然而，逻辑经验主义者上述的两个理想最终在相互驳斥中以及在来自科学思想史的冲击之下化为泡影。赖欣巴哈的概率主义和波普尔的证伪主义都试图逃避归纳问题，结果表明他们无从逃避。而汉森更是直截了当地否定了客观事实的存在，这直接动摇了逻辑经验主义的根基。按照科学思想史研究者的观点，逻辑经验主义的想法过于“天真烂漫”而不切实际。人们不能把他们心目中理想的科学应该是什么样的强加给在具体的历史情境中发展起来的科学，如果是这样的话，历史当中根本就不存在逻辑经验主义所说的“科学”。因此，科学的合理性只有从科学发展史当中去寻找。科学思想史的研究者既否定了存在客观性的中立事实，也否定了存在一套普适的科学方法，认为科学是人类的实践活动，其中包含着浓厚的社会文化因素，特别是形而上学的因素。科学思想史的研究导致了科学哲学中历史主义的产生。

历史主义中相对保守的一派，试图通过一种彻底的实用主义来解决科学的合理性问题。也就是说，科学的合理性不在于它的方法的正确性和内容的真理性，而在于它的进步性，进步性直观地体现为它的实用性的不断增强。其中激进的一派，则直接取消了科学的合理性，而把科学与迷信、宗教、巫术之类的人类文化现象等同起来。这给予了科学致命的一刀。

不管是保守的还是激进的历史主义，实际上都放弃了从客观性和真理性的角度为科学的合理性辩护。这鼓舞了人们从社会学的角度切入科学合理性的问题。既然从自然本身和人的理性出发，无法说明科学的合理性问题，那么为什么不从社会意识和社会存在的角度来说明它呢？通过对知识的重新定义——把知识理解为在一个特定集体中成功的信念，科学知识社会学的研究者把科学的合理性问题转化为了科学知识的成功和失败问题。较早出现的宏观知识社会学派认为科学知识主要是由一个特定时代的文化氛围和社会意识形态决定的；较晚出现的微观知识社会学派则走得更远，他们强调科学是现代社会化大生产中的一部分，科学家的个体属性，个体对利益的追逐、对成功的渴求、对地位的向往等等这些普遍的世俗化的人性，而不是追求真理、探索自然这些高尚的动机，才是理解科学文化的基础。他们得出的结论都是，科学是人类的主观约定，外部自然对科学知识的约束作用很小甚至不存在。这给予了科学致命的第二刀。

从这个过程中，我们能够看出，20世纪的哲学家对科学的关照存在一个非常明显的从抽象到具体、从理论到实践、从对象到主体的逻辑进路。这种进路紧紧跟随人们对科学合理性问题的不断追问而逐渐显现，其中充满了内在的逻辑性。所以，20世纪末的反科学思潮，不是人们不讲理性而被非理性的思维所支配带来的，恰恰相反，它是人们的理性而且是过度的理性导致的。

以上就是本书的主旨内容。

五

本节我们脱离本书的内容，谈谈跟思想史研究有关的几个问题。当然这里的思想史研究特指洛夫乔伊研究思想史的那种路径，而不是宽泛意义上指称的所有以思想为对象的探讨。

思想史研究表面上存在一个有趣的悖论。一般来说，思想史的研究者都把人类历史上不同时期的思想视为在本质上是不同的，也就是人们认识世界、理解世界的视角和方法都发生了革命性的变化。但是思想史的研究恰恰表明，这种革命是不存在的。人们的思想转换是一个连续的进程，而不是一种断裂式的跳跃。就像伯特和柯瓦雷们虽然认为近代人们的世界观与中世纪的根本不同，但他们的作品却非常清楚地揭示出这种颠覆性的转换是渐进的、沿着内在的逻辑展开的。同样，我赞同科尔说的建构主义是科学哲学中的一场革命，但本书的研究恰好也表明这场革命是一个连续的进程。

这个悖论对我们理解和研究历史是有帮助的。不论是思想史还是社会史，人们经常会为人类演进是通过渐进的方式还是革命的方式来实现的产生争论。这种争论其实并无意义。人类文明的发展究竟是连续的还是间断的，不取决于文明史本身，而取决于观察者本人的视角。如果研究者特别重视某些结果对历史进步的重要性，他就更愿意把它们称为革命性的，用这样的修辞方式来强调它的地位和意义。如果研究者更重视具体的过程，他就不会在历史之中看到任何可以称为革命的东西，每一个结果都对应着一个或者多个进程，每一个结果的出现都不可能是突兀和不可理解的。这对于任何有志于历史研究的人来说都是富于教益的，一方面，我们无须拘泥于历史的连续性和间断性中的任何一个教条；另一方面，反过来说，我们也不能过分执着于它们之中的任何一个。

上文说到，我对人类思想史的统一图景充满迷恋，这是有感而发，并非无病呻吟。人类知识版图的支离破碎在今天比以往任何历史时期都要严重。专业的分化，而且越来越细，几乎是无法逆转的普遍现象。在很大程度上，专业不仅是一种谋生的工具，而且它实际上成了人生的囚笼。人类的精神世界被人为地分割成了许许多多的小隔间，终其一生，我们都很难打破环绕在我们周围的壁垒。在20世纪早期，萨顿曾经寄希望于科学史的研究能够消弭自然科学与人文学科之间的鸿沟。不过遗憾的是，科学史本身在今天也成了一个学科，它构建出了自己的一方小天地，它成了无数隔间中的一个，而不是消融隔间壁垒的催化剂。

在我看来，思想史视野在整合人类知识版图，消除学科隔阂方面，当能起到更加积极的作用。思想史试图寻求人类精神世界的内在一致性，因此它所倡导的是一种超越狭隘学科史的"大历史观"。这种大历史观中的"大"不是指黄仁宇所说的那种时间和空间尺度上的大范围，而是指跨越学科界线的大范围。它能够让人们更加清楚地意识到，今天专业的分化和学科的精细化，只具有技术上的合理性，而不具有天然的正当性。所谓技术上的合理性，指的是现今知识的总量太过巨大，要求每个人掌握所有的知识是不可能的，因此有必要划分专业，以便于人们学习和进一步展开研究。但如果认为今天的学科是自古以来就有的，或者说只能如此，那就是大错特错的。有人会争辩说，学科的分类根源于研究对象的差异，以及对象的规律完全不同。这种说法的主要问题是没有意识到，某门学科的研究对象是什么，更多地基于人们的主观约定，而非自然和社会中存在某些泾渭分明的界线，隔离出了不同的研究领域。学科分化的出现主要是因为知识总量的增加，而不是各门学科研究对象的不同。在西方思想史的大部分时间当中，"哲学"包含着今天大部分门类的知识。因此，思想史可以帮助人们在接受专业训练的同时不被一叶障目，培养出超脱于专业的眼光和胸怀。

因此，这里说的思想史研究不是一门学科，而是一种视野。它要求人们必须要摆脱狭隘的学科意识来理解人类思想的演进，包括自己所在的学科。过度尊奉今天人为划定的学科界线，人们得到的思想的历史图景要么是扭曲的，要么是残缺的。笛卡儿在近代思想史上具有卓越的地位，今天的科学史和哲学史都会提到他。但是我们从科学史和哲学史上读到的笛卡儿是不同的，似乎历史上存在两个笛卡儿,一个是作为科学家的笛卡儿,一个是作为哲学家的笛卡儿。他的科学思想和哲学主张是毫无关联的两张皮,笛卡儿在其中自由地来回穿梭。这当然是不合理的。再比如牛顿,由于他被理所当然地认为是一名科学家,所以今天的哲学史几乎不会涉及他。这样的哲学史是很难让人觉得满意的,别的不说,莱布尼茨在近代哲学史上占有重要的一席之地,而牛顿是其最大的敌人(尽管牛顿并未与他展开直接的争论),绕过牛顿谈论莱布尼茨的思想注定事倍功半而且难以做到周全。

在一个以科学技术为主导的时代,哲学扮演的角色和自我定位是尴尬的。在人类历史上,哲学的批判性起到了相当重要的作用,它曾经为人们认识自然和理解自然开辟道路。但在今天,哲学不仅事实上已经丧失了这种能力,而且更可悲的是,人们已经忘记了它曾经具有这种能力。它不仅无法胜任科学开路先锋的角色,而且完全退化为了对科学事后既不成功也不必要的解释。哲学要想迎来涅槃之后的浴火重生,对科学和技术,一味地去跟风迎合或者单纯为了批判而批判,都是不可能的。思想史研究,将为人们重新思考哲学的使命以及重新自我定位,提供必不可少的经验和教益。

思想史研究不是要取消每个学科的独特性,更不是以建立一个大一统的思想体系作为目标。它只是试图打破学科的封闭性,恢复思想原本就有的自由流淌。如果人们充分意识到,他所在的学科其实只是一片树叶,那么他就有可能去发现树枝、树干、整棵树,乃至一片森林。

思想史研究对当今中国的学术界还有一个重要的特殊意义。徐光启在数百年之前曾经说,学术研究要实现最终的“超胜”需要两个前提:一是先要翻译和借鉴,看看别人是怎样做的、做了些什么;二是要融会贯通,在博采众家之长的基础上建言立论。自从100多年前中国被迫打开国门开始,人们在翻译和引进西方思想方面已经有了相当多的积累,不过在融会贯通一途上大致才刚刚上路。其中最为明显的一点是,我们相当缺乏引领话题的学术“公共产品”,除了在某些专属于中国特有的研究领域，国内大部分研究基本上仍然处于跟风的状态。这说明我们从整体上对西方思想史的梳理和把握还存在相当大的问题，而思想史研究在这方面能够起到画龙点睛的作用。

六

按照惯例，一篇序的结尾，作者应该表达一种谦逊的姿态。虽然在我看来，很多作者表达谦逊时其实是言不由衷的，但既然是惯例，本书也不免俗。

本书只是思想史研究在狭窄领域内一个小小的尝试，它没有太大的抱负和高远的目标。本书既非对20世纪科学哲学的完整介绍，亦非对其中某个人物或者某个思想的精深研究，而只是在解读其中典型观点的基础上，着眼于揭示它们之间的逻辑线索。如果它能帮助人们超越观点纷呈的表象，把20世纪的科学哲学思想视为一个有着内在联系的有机整体，并且能因此更好地把握和理解它们，那么作者本人就没有什么理由不感到心满意足了。

第一章

好人挖坑

休谟问题的来龙去脉

“历史总是惊人的相似”，这句常常见诸各种场合的箴言，并非完全是一句含义不明的空洞套话。本书想要讲述的故事是，20世纪的科学哲学家们从想要为科学找到一个稳固、合理的根基开始，最终却走向了这个良好愿望的反面。熟悉西方哲学史的人们都知道，这算不上是一个特别的个案，类似的故事，实际上在西方哲学的传统中不断上演。

知识论是西方哲学传统最重要的研究主题之一，它关注的是知识的本性及其相关的认识问题。自古希腊以降，古典哲学知识论就把追求绝对确定的真理设定为人类认识的终极目标，并为之付出了不懈的努力。然而，休谟在18世纪为这样一篇辉煌宏大的乐章画上了休止符。他用一种富于侵略性而又颇有些自得的笔调告诉人们，追求绝对真理的企图，就像在流沙上建筑高楼大厦一样，终究只会是徒劳。科学哲学是知识论在20世纪的延续，休谟既是古典知识论的终点，同时也是20世纪科学哲学的逻辑起点。因此，本书以古典知识论的大体脉络作为序曲，并把着眼点落实在休谟身上，乃是顺理成章的一件事情。

“和平而能自制，坦白而又和蔼，愉快而善与人亲昵，最不易发生仇恨，而且一切感情都是十分中和的”，[①] 这是休谟晚年的自我评价。从朋友圈的反应来看，休谟的自我认知说得上准确。在他交往的人当中，几乎没有人对他的个人品性提出指摘——卢梭是唯一的例外，不过卢梭似乎跟他所有的朋友的结局都是悲剧性的。然而，就是这样一个好人，却在人类智识史上留下了一个巨大的陷阱，至今仍无人能够跨越。用一种悲观的眼光看，它像一个巨大的伤疤，横亘在西方哲学史的通道之上，狰狞而且丑陋；用一种乐观的眼光看，它却是一个出产丰饶的聚宝盆，流溢出形形色色的鲜美果实。有意思的是，除了一些嗅觉敏锐的神学家，休谟同时代的人并没有对他的哲学思辨给予太多的关注。在很长的一段时间内，休谟是以历史学家而非哲学家的身份闻名。进入20世纪之后，这种情况发生了颠倒，历史学家休谟已经被人遗忘，而哲学家休谟却越来越大放光彩。

1. 对确定性的迷恋

要搞明白休谟所挖的坑究竟是怎么回事，首先要知道对确定性的迷恋是人们内心深处一种根深蒂固的倾向。人们总是相信存在一些普遍的、恒久的、不依任何条件而变化的过程和实体；并且，人们总是试图抓住它们，并将其作为生活的指南和依靠。人类的文明史，在某种程度上就是一个不断寻求确定性的历史。这种想法发端于孔德，弗雷泽在后来用他惊人的想象力和优美的文字将其发扬光大。

作为文化人类学者，弗雷泽在回答巫术的起源和功能问题时，谈到了人们对确定性的迷恋。他对巫术热情洋溢的赞美，即使在文化多元主义盛行的今天，看上去依然是异乎寻常的。在《金枝》中，弗雷泽写道：

巫术与科学在认识世界的概念上，两者是相近的。二者都认定事件的演替是完全有规律的和肯定的。并且由于这些演变是由不变的规律所决定的，所以它们是

① 休谟：《人类理解研究》，关文运译，商务印书馆1957年10月第1版，第8页。

可以准确地预见到和推算出来的。一切不定的、偶然的和意外的因素均被排除在自然进程之外。对那些深知事物的起因、并能接触到这部庞大复杂宇宙自然机器运转奥秘的法条的人来说，巫术与科学这二者似乎都为他开辟了具有无限可能性的前景。于是，巫术同科学一样都在人们的头脑中产生了强烈的吸引力，强有力地刺激着对于知识的追求。它们用对于未来的无限美好的憧憬，去引诱那疲倦了的探索者、困乏了的追求者，让他穿越对当今现实感到失望的荒野。巫术与科学将他带到极高极高的山峰之巅，在那里，透过他脚下的滚滚浓雾和层层乌云，可以看到天国之都的美景，它虽然遥远，但却沐浴在理想的光辉之中，放射着超凡的灿烂光华。[①]

如果把这段话理解为弗雷泽认为巫术和科学具有同等的价值，显然是错的。他想说的是，巫术和科学在出发点及目标上有相似之处，二者均认为世界纷繁的表象之下，有某些东西是确定的和不变的，而且只要付出努力，人们就能获得足够的回报——掌握或者说控制它们，从而改善自己的生存环境。因此，值得称赞的不是巫术本身，而是人们发明创造出巫术的动机。在弗雷泽看来，巫术是一种普遍的文化现象，掩藏在魔法和符咒的神秘色彩之下的，是幼年时期的人类寻求确定性的尝试或者说努力。嘲笑人们使用巫术的荒诞和愚昧并不足取，按弗雷泽的观点，人类的先祖迈出这一步十分不易，它同样需要非凡的勇气和智慧。

弗雷泽的上述观点很难引起当代人的共鸣。与征

① 弗雷泽:《金枝》，徐育新等译，新世界出版社2006年9月第1版，第51页。

服和控制自然这个高大上的原因比起来，今天生活在文明体系层层护佑下的人们，更愿意相信巫术起源于愚昧和轻信。除非一些特别巨大的灾难性事件，当代人几乎体会不到直面狂暴莫测的自然界时的无助、惶恐和渺小。所以，人们不太容易意识到弗雷泽观点当中的合理成分。这倒也不奇怪，由于生活境况的改变，人类某个行为的原初动因会逐渐变得模糊乃至消失，以致它在后来者的眼中变得怪诞且不可理喻。

我身边现成的一个例子，能够很好地说明这一点。我的父母是地地道道的农民，我儿子则在都市中长大。爷爷奶奶平时和和气气的，然而，如果哪天错过了电视里的天气预报节目，他们总会互相埋怨。对此，儿子百思不得其解：难道天气预报对他们来说有那么重要吗？答案是确实很重要。农民耕作，总希望能够风调雨顺，然而事实往往并非如此。有一年，家里的水稻收割完后碰到连阴雨。父母看着一堆堆泡在水中发芽的稻谷，眼神中满是心痛和哀伤。这个场景，我到现在仍然历历在目。后来家里有了收音机，父亲和母亲每天都做的一件事就是准时收听天气预报。老实说，当时天气预报的准确程度并不高，甚至说得上很不靠谱，对耕种收割等农事的指导作用微乎其微。但在没有其他更多办法可想的情况下，它至少能给他们增加点对付坏天气的信心。经年累月之后，收听或收看天气预报节目已经成为父母生活中近乎仪式的一种习惯。即便他们在很多年前就不再依靠耕种为生，但这个习惯却因为被赋予了某些难以言说的感情和意义，而在日常生活中保留下来。显然，要让一个完全缺乏农民生活体验的小孩子真正弄清楚这件事情之后的复杂动机，的确勉为其难。

明白了弗雷泽称赞巫术的理由，领会他著名的人类社会发展的三阶段论也就轻而易举了。在过去的某个时刻，人们开始使用神秘的咒语、庄严的仪式或者奇特的器具来操控自然，寄希望于通过这种方式来实现自己的愿望——增加食物，战胜猛兽和敌人，治愈伤病，等等。这时，人类文明史上的第一个阶段——巫术时代就诞生了。无须多言，人们使用巫术成功达成愿望的概率，定然远远低于失败的概率。随着时间的推移,人类先祖中的聪明人慢慢意识到,掌控自然的愿望是不切实际的。他们断定自然的背后存在着各式的神灵,它们在暗中左右一切,人无法战胜它们。于是,这些聪明人转而通过祈祷、献祭、敬拜、唱赞歌等方式来讨好神灵,寻求它们的宽恕和保佑,使得自己能够脱离苦难,过上理想的生活。人类文明史上的第二个阶段——宗教时代因而得以开启。历史的车轮继续滚滚向前,人们的心智越发成熟起来。他们利用自己的智慧,认识和掌握了自然规律,实现了真正地驾驭自然,自身的生活也随之发生了翻天覆地的变化。最终,与巫术的命运一样,宗教也被人们抛弃。人类文明史上的第三个阶段——科学的时代迎面大踏步而来。总而言之,弗雷泽的这一理论认为,寻求确定性是人类文明演进的重要动力,它贯穿整个人类文明史。巫术、宗教、科学这三个阶段,正好是它否定之否定、螺旋式上升的一个自我展开的进程。

弗雷泽对人类文明史进程的描述充满戏剧性的色彩,而且过于粗线条和理想化。但是,他用富于表现力的语言所揭示的——对确定性的迷恋是人类文明演进的重要动力,却是充满启发性的。这个思路在20世纪早期得到了众多哲学家的广泛回应,我们从罗素、杜威、赖欣巴哈等人的作品中都能看到它留下的痕迹。杜威在《确定性的寻求》一书中,正是以"确定性"为钥匙,打开了西方思想传统中形而上学产生的奥秘之锁。

杜威的某些表述,显然受到了《金枝》的影响。不过,相较于《金枝》的宏大叙事,《确定性的寻求》的论说简洁洗练,而且也更容易被人接受。首先,杜威言简意赅地回答了人们为什么总是喜欢寻找确定性这个问题。他认为道理很简单,这源自人趋利避害、逃离危险的本能。人一旦呱呱坠地,各种自然因素——地震、台风、暴雨、干旱、洪水、疾病等,以及社会因素——秩序崩溃、背信弃义、战争、权利争夺、贫穷等,都是他生存和成长的威胁。这些东西隐藏在未知的阴影之中,随时可能给人以致命一击。它们总是毫无征兆地出现,在人们猝不及防的时候袭来。因此,人们痴迷于寻找恒久的和确定的东西,是希望获得安全和稳定，以规避不确定性当中暗藏的风险。

为了尽可能消除充满危险的不确定性，人们想出了许多办法。杜威把它们分为两种：第一种是寻求与自身之外的那些不可控的力量的和解；第二种是通过自身的努力去了解和利用那些不可控的力量，为自己搭建一个安全的"堡垒"。

第一种方法对应的是人类文明当中的巫术和宗教。对于那些软弱的心灵来说，把自己的命运依附在那些强大的神秘力量之上，获得它们的垂怜和拯救，是摆脱痛苦的最佳方式。巫术和宗教的各种仪式，无非是这些人向想象中的神灵或者献上谄媚的讨好，或者表达虔敬和忠诚，以求得它们庇佑的手段罢了。这部分不是杜威想要讨论的重点，他仅仅是一笔带过。值得一提的是，按照杜威的这种观点，巫术和宗教不会只是一种短期性、阶段性的现象。

杜威重点论述的是第二种方法，它对应的是人类在文明史中逐渐累积起来的技艺和知识。虽然人生的旅程中危险重重，但不是所有人都甘愿接受被摆布和被操控。于是他们制造工具、建造房屋、获取知识，力求为自己找到一条克服不确定性的康庄大道。然而，在现实的世界中，人们的行动常常遭受失败。建造得再坚固的城堡都可能在一场地震中毁于一旦，唾手可得的丰收在一场暴风雨后也可能变成颗粒无收，突如其来的一场瘟疫则会让许多人失去生命……无论如何精心计算，巧妙安排，很多事情都不会按照人的意愿发生。这让人们意识到，要在现实的经验世界彻底超越不确定性，是不可能完成的任务，绝对确定的港湾，似乎只能从人的精神世界中得到。杜威认为，正是由于这一点，导致了西方思想传统中一个重要的后果：知识和行动（或者说理论和实践）的分离。这从古希腊人那里（即西方思想的开端处）就开始了。

杜威所谓的知识和行动的脱节，意指古希腊人对手工技艺的极度贬低，以及对理性精神的极度强调。他认为这固然有各种政治经济上的原因，但最根本的原因在于，哲学家们觉得经验终究是不可靠的，人要追寻确定性，只有依靠理性才有可能。他说：

> 人们把纯理智和理智活动提升到实际事务之上，这是跟他们寻求绝对不变的确定性根本联系着的。实践活动有一个内在而不能排除的显著特征，那就是与它俱在的不确定性。……然而，通过思维人们却似乎可以逃避不确定性的危险。[①]

从这一点出发，古希腊哲人的一些看上去非常古怪的说法，就能得到清晰明了的理解了。譬如，他们总是喜欢把世界分为两个：一个虚幻的感觉的世界和一个真实的理性的世界。感觉的世界就是人们日常生活的现实世界，它是由人的感觉经验呈现给我们的；理性的世界是由永恒不变的实体构成的，它只有在理性的关照和沉思中才能接近。为什么一个现实的世界是虚假的，而一个理想中的世界反而才是真实的呢？在现实的世界中，人们感知的一切都是变化的、不确定的，这意味着它们都是不完满的。一个东西发生变化后还是原来的它吗？所以完满、自足的东西是不会变化的，才是真正的"存在"，因此现实的世界并不真实。反过来说，理性世界中的那些不变的实体才是真正的存在物，所以理性的世界才是真实的。在杜威看来，古希腊的哲人们之所以煞费苦心地构建出一个理性的世界，其根源在于人们屡屡在实践中受挫，从而不得不用这样的一种方式来实现对不确定性的超脱。

杜威的结论是，寻求确定性支配着西方的哲学传

① 杜威：《确定性的寻求——关于知行关系的研究》，傅统先译，上海人民出版社2005年9月第1版，第3页。

统。自古希腊以来,知识的目的就不是为了解决现实的问题,而是为了追求普遍的、永恒的、绝对确定不变的、与真正的实在相符的真理。

2. 形而上学与自然科学

杜威没有迷失在哲学家们费尽心力打造出来的或者精致或者笨拙的建筑物之中,而是从文化人类学的角度找到了理解西方传统知识论的密码,这是值得称道的。当然,无论赞不赞同他的论述,一个显而易见的事实是,他的结论无疑是正确的:在西方的哲学传统中,"形而上学"非常发达,不仅历史悠久而且体系丰富、影响深远。

由于一代又一代哲学家的强力批判,以及人们在不同的意义上使用造成的混乱,"形而上学"这个词在今天已经落入声名狼藉的境地,这颇有些讽刺的意味。要知道,在古典哲学体系中,形而上学可是位居知识谱系的核心地位,显赫无比。形而上学的本意是"物理学之后",在亚里士多德那里被称为"第一哲学"。"物理学之后"这个意思,恰当地表明了它的目的和性质,而亚里士多德所称的"第一哲学"则表明了它的重要地位。简单来说,形而上学的研究对象是相互关联的两个方面:一是易变的现象背后那些不变的实体及它们的关系,二是为了达到上述目的,人们应该使用什么样的工具和手段。用杜威的话来说,形而上学就是以追求绝对确定性的知识为目标的学科。

形而上学给西方的思想传统带来了什么样的影响,是一个巨大无比的复杂问题。就本书论述的范围——科学及科学哲学而言,我们大致可以从正反两个方面来认识它。其中的负面部分,我们将留待本书后面的相关章节再行论述,此处先按下不表。这里先从跟近代自然科学有关的两个方面来谈谈形而上学中包含的积极因素。

首先说一个简单的方面:形而上学促进了逻辑研究的发展。古希腊人对形式逻辑的研究达到了一个很高的程度,如果说亚里士多德的《工具论》代表着他们在逻辑研究上的最高成就，欧几里得的《几何原本》则代表着他们在逻辑应用上达到的最高成就。古希腊人喜好推理，当然与他们喜好辩论和演讲有关，而这也与他们的民主政治的原则完全相符合。但推动逻辑学发展到古典时期的巅峰的动力，还在于哲人们对寻求确定性的知识的渴望。这一点，我们可以从下述事实中看出来。亚里士多德把逻辑推理称为"工具"，主要不是从它能帮助人们在辩论中给对手下套或者避免被对手下套而言的，而是从它能帮助人们更好地思考真实的存在、免于遭受来自经验的干扰从而更好地接近真理而言的。同样，如果认为《几何原本》是为建筑设计师或者测量土地面积的官员们写的，套用一个古老笑话的表述，欧几里得会气得在坟墓里翻过身来。按照欧几里得的观点，几何世界的真理即便算不上绝对真实的真理，也是人能够达到的最接近真实和真理的极致。不过，不管古希腊人研究逻辑学出于何种动机，它现在都成了自然科学最重要的基础工具。

另外一个方面则颇为复杂。在详细阐述这一点之前，首先了解自然科学产生的一个前提条件，以及近代自然科学在模式上的特点，会让我们达到事半功倍的效果。关于自然科学产生的前提条件，怀特海在《科学与近代世界》中曾经细致地讲起过。怀特海说，众所周知，自然科学以发现自然规律为己任，但在人们做这件事之前，必须先得有一个信念：那就是相信自然是有其规律的。否则，如果认为自然本身是混乱不堪的，自然科学也就无从谈起了。而关于自然科学的模式，我们都知道，近代自然科学是以数学的语言来对物理世界进行定量的描述，从而实现预测的精确性的。了解了这两点，我们接下来看看古希腊人的形而上学如何影响到它们。

形而上学预设了一个永恒不变的实体世界，而且这个世界只有通过理性思考才能接近，这会带来两个合理的推论：1. 人们对这个世界的感知虽然是流变的、易逝的，但这只是表象，表象背后定然有不变和确定的东西；2. 如果不想在易逝的经验感知中失掉方向，人们就必须接受理性的引导，也就是说一旦经验事实与人们的某个完满观念相冲突,屈服的往往是经验事实而不是观念。

很明显,推论1相当于给出了一个承诺:存在必然性的客观规律。尽管这个承诺极其武断,但在人类社会早期,它能起到的指引作用非常明显。从一个假想的场景和一个实际的案例,我们能看出这种作用的意义。

先说假想的场景。假设两个人被分别投放到不同的荒野之中,两处地方都渺无人迹,方向莫辨,两人都必须走出荒野才能生存。两人都身无长物,只是其中之一幸运地发现自己带着一枚指南针。那么谁有更多的机会走出荒野呢?显而易见,如果不得不参与这样的游戏,我们每个人都会选择自己成为那个幸运的人。指南针不仅可以让他正确地判断方向,更重要的是还给予他走出困境的勇气和信心。从这个意义上说,形而上学的承诺,在人们刚刚开始对自然的探究时,起到了与指南针相似的作用,构成了怀特海所说的那个前提条件。

再谈实际的案例。古希腊天文学的产生,与上述假想情景有相似之处。"行星"这个词在希腊文中的含义是"漫游者",它充分说明了行星运动的复杂性和不规则性,其行踪时快时慢、忽前忽后,似乎无从捉摸。然而,古希腊人坚定地相信天上的事物比地上的事物更加完美,更加接近真实,因此行星的运动必然也不会是杂乱无章的。人们观察到的它的行为很不规则,原因在于人们尚未理解它运动的真实方式,而不是它们实际如此。正是这种强烈的执着,最终帮助古希腊人创造出了独树一帜的天文学理论。由此,我们能够看到形而上学对于认知活动的导向性。

推论2则赋予了人类理智更大的权威和主动性,它允许人们在面对自然的时候,能够依据心灵当中的理想图像来刻画自然,而无须被感官的经验所束缚。同样,从古希腊天文学的具体形态中,我们能够看到推论2的巨大作用。

要说明这个问题,需要略微了解古希腊人的宇宙论。首先,古希腊人的宇宙是一个球形的封闭世界,地球也是一个球形物,它位居宇宙的中心。其次,他们对天空的理解与我们今天完全不同。古希腊人认为天空(具体来说是指月亮之上的世界)是充实的,它满布由晶莹透明的第五种元素——著名的“以太”(这个词大概的意思是“精气”)——构成的天球,恒星和行星都镶嵌在天球之中。行星本身不动,而是由其所在天球的运转推动;恒星所在的天球在最外层,这层天球不动,因此恒星也不动(“恒星”的意思就是位置固定不变)。这和今天人们认为的各种天体在宇宙虚空中孤独地飘荡大相径庭。第三,天空和月下世界,也就是地球及其附近的空间,在本质上完全不同。地球是由水、火、土、气四大元素构成的。这四种元素与以太最大的不同是,它们能够互相转化,而以太永恒不变。所以地球是易变和有生有死的,因而也是低下的;天空则是不朽的,因而也是高贵的。古希腊人设想的宇宙,后来被人们称为“水晶球式的宇宙”。

在古希腊的哲人群体中,柏拉图也算得上形而上学最坚定的鼓吹者。柏拉图认为存在一个“理念世界”,其中的一切都是完美而永恒的,人们生活的现实世界只不过是理念世界的残缺模仿品。因此,柏拉图强烈贬低人类经验的作用,他认为在经验的领域,人们充其量只能形成一些或然性的“意见”和“观点”,无法真正地获得确定性的知识。当行星不规则的运动引起柏拉图的注意时,他毫不犹豫地确定,这不过是人类懦弱的经验感知带来的又一个错误。既然天空更接近那个真实的“理念世界”,其上的行星的运动轨迹就必然是完美的。显然,在所有图形中最完美的是圆,所以行星的真实运动必然应该是完美的圆周运动。在涉及有关确定性的问题上,柏拉图并不觉得让经验事实屈从于人类的理性思辨有什么不对。于是,柏拉图在他的学园里发布了关于行星运动的悬赏征答:它们真实的圆周运动的轨迹究竟是什么样的?

最终,一名叫作欧多克索的年轻人胜出,他提出的方案简洁而且巧妙。欧多克索的思路是,行星不是在做单一的圆周运动,而是一组复杂的圆周运动,人们看到的它们的不规则行为,是多个圆周运动组合叠加后的结果。欧多克索设想,行星的运动轨迹是由两个同心天球的运动共同推动的结果。这两个天球一个套在另一个外面，它们的旋转轴之间有一个角度并同时做方向相反的匀速圆周运动。如此一来，位于(这两个同心天球球心处的)地球上的观察者看到的行星的运动轨迹就是一个“8”字形的曲线。这能够很好地解释行星的视运动。根据这种思路，加上传递运动所需的天球，总共需要27个天球来描述7颗行星(日、月、金、木、水、火、土，古希腊人把太阳和月亮也视为行星)的周期性运动。亚里士多德吸纳了欧多克索的思想，并在此基础上构建出了宇宙的模型。

古希腊人这时候的宇宙模型还是一个地道的思辨模式，它的几何特性虽然优美而典雅，但实际的功用却非常有限。在古希腊晚期，当它与以实际观测见长的古巴比伦天文学模式相遇时，便迅速发生了化学反应，从而产生了功能强大的“本轮—均轮”天文学体系。

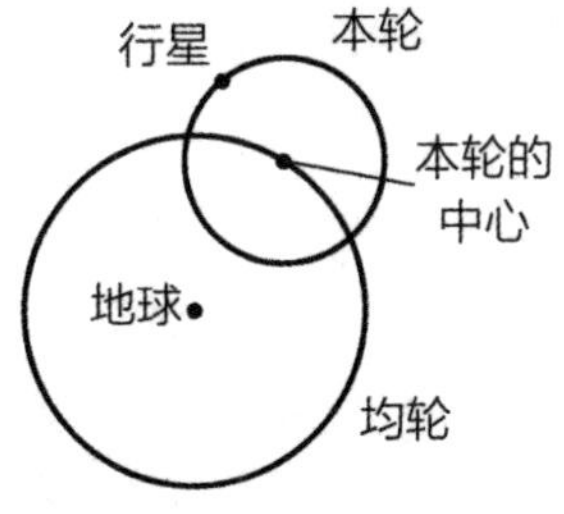

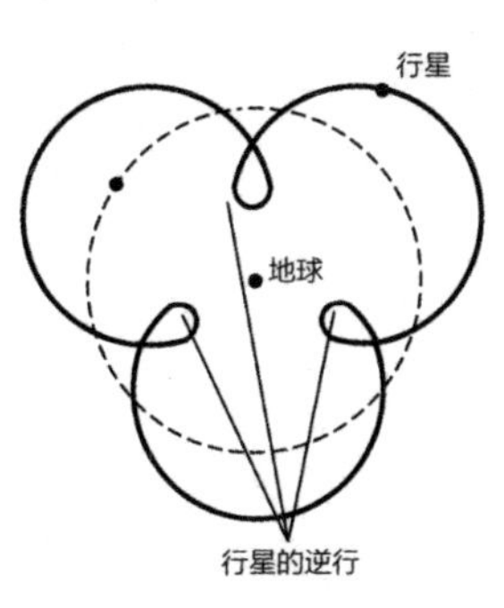

上图为最简单的本轮—均轮体系，下图为按照本轮—均轮体系模拟出的行星运动轨迹，可以看出它相当直观和清晰地描述了行星的逆行现象。

我们可以从左图中清楚地认识这个体系。很显然，它仍然沿用了欧多克索用复合圆周运动来解释行星视运动的思路。其中，行星并不直接围绕地球做匀速圆周运动，而是首先有一个较小的圆周运动，这个小圆即“本轮”；本轮的中心再围绕地球做另一个较大的匀速圆周运动，这个大圆则称为“均轮”。在这样的组合下，地球上的人看到的行星运动就是一个复杂的曲线。经过适当地调整本轮和均轮的速度，以及添加更多的本轮和均轮系统，这个模型能够与实际观测到的天文学数据完美对接。托勒密在公元2世纪前后将本轮—均轮体系完善化之后，这种天文学在欧洲沿用了1000多年。它不仅有强大的解释能力，能够解释几乎所有用肉眼观察到的天文现象，也有强大的预测能力，能够比较准确地预报日食和月食。天文史家霍斯金在《剑桥插图天文学史》中毫不吝惜自己对它的溢美之词：

希腊人设计能够描述太阳、月亮和五大行星运动的几何模型的战役，由托勒密的天文学著作带来了令人自豪的胜利。行星的未来位置，现在可以被预言得令人赞叹，看起来几乎没有理由设想，未来天文学家还能在推算和观测之间做出更好的吻合。[①]

在当代天文学中，除了“轨道”这个明显脱胎于古希腊圆周运动的概念偶尔还会使用之外，古希腊天文学当中的其他东西已经全部被人们放弃了。但这却不能让我们否认，本轮—均轮体系其实是近代自然科学的一个范本。首先，它所使用的将不规则行为化约为规则行为的思路为今天一切的学科门类所接受，或者换个说法，今天的科学研究无一例外地使用这种方式来处理复杂的问题。其次，更加重要的是，它提供了一个如何用数学语言来描述物理实在的范例，并向人们展示了这种结合能够产生的巨大威力。在今天，几乎所有的精确科学都把实现本学科知识的数学化作为最高的目标之一。一位科学史研究者在介绍完古希腊天文学之后，用一连串的推论抒发了对它的褒奖之意，他看得比霍斯金更远：

希腊人以多种方式对行星在做什么加以精确的解释，最终导致了一门技术的、数学的和理论的学科的诞

① 霍斯金：《剑桥插图天文学史》，江晓原等译，山东画报出版社2003年第1版，第42页。

> 生，希腊人和我们将之称为天文学。天文学最初致力于解释行星的奇特运行。如果行星的运行没有这么奇特，那就不会有数理天文学——可能只有这一“宏大物理世界图景”——因而也不会有希腊天文学，也就没有后来的哥白尼天文学；或者，随之而来的也就没有牛顿物理学和天体力学，因而，也许连19世纪理化学科的数学化都不可能出现。[①]

这种说法虽然有点事后诸葛亮的意味，而且其中暗含的历史因果决定论也可能为很多人所不喜，但它对古希腊天文学在自然科学史上的地位的强调却是恰当的。

从天文学的案例中，我们看到了形而上学对自然科学的作用，但这并非故事的全部。一般而言，人们把哥白尼日心说对托勒密地心说的超越作为近代科学的开端。可是，少有人知道哥白尼提出日心说的真正动力。事实上，哥白尼提出日心说与欧多克索提出同心球的宇宙模型背后的动力是一样的。虽然托勒密地心说的建立，与古希腊哲人们的形而上学对经验事实的扬弃有直接的关系，但其中却仍然保留着一个最大的经验因素——地球是静止不动的。问题是，既然行星的圆周运动并非出自我们的经验感知，我们又有什么理由认为经验告诉我们地球静止不动就是真的呢？哥白尼正是继承了古希腊形而上学的精髓，而且将其发挥到了极致，才让地球动了起来并把太阳放到了宇宙的中心，为人们开启了一个崭新的时代。关于这一点，我们在第三章还会有进一步的讨论。

① 舒斯特：《科学史与科学哲学导论》，安维复主译，上海科技教育出版社2013年8月第1版，第92页。

3.“我思故我在”

很多名人名言在被人们从具体的上下文剥离出来后,常常会被穿凿附会上很多离奇的意义,从而最终遮蔽了创作者用它的目的。这对作者和读者来说都是一种不幸。作为流传最为广泛的哲学名句之一,“我思故我在”应该算是其中的典型。如果不知道笛卡儿想要回答什么问题,我们几乎不能准确理解他这句名言的意思。

形而上学设定了一个绝对确定的世界,人们只有通过理性的思考才能认识它。在上一节,我们认为这样的说法相当武断,其中的原因在于哲学家们并没有对它进行充分论证。一个有名的智者高尔吉亚,很早的时候就提出过三个命题,对这种武断的论点有致命的威胁。但是高尔吉亚之后的两个大牛级形而上学家——柏拉图和亚里士多德,都对此视而不见。当然,更大的可能是,他们认为在他们创建的体系之中,这三个命题没有容身之地。高尔吉亚的三个命题是:(1) 人们不能断定有没有什么东西存在;(2) 即使有些东西存在,人们并不能断定能否认识它们;(3) 即使能认识它们,人们也不能知晓是否能够让别人明白。不难看出,这三个命题代表着一种普遍、绝对的怀疑论。这种思想在充满暴力、混乱和颓废的公元前最后的二三百年里,曾经主导过哲学家的思想很长一段时间。他们用这样一种方式来表达对一个看不到未来的时代的嘲讽和抗议。

当基督教在罗马帝国取得压倒性的胜利之后,神学的兴盛压制了哲学上的怀疑主义,然而古希腊的形而上学并未因此消失。相反,早在基督教尚在为自己的合法地位而抗争的时候,形而上学就以一种奇异的方式和基督教神学结合在了一起。在整个中世纪,神学和形而上学是难分彼此的。上帝是万事万物的根本原因,是最真实、最完满的存在。虽然神学家们就如何更好地理解上帝不时发生一些争吵,但人们大都相信存在终极真理,而且人认识它是可能的。伯特说得好:“知识论在中世纪哲学中并不占据主导地位;人们理所当然地认为,人的心灵试图理解的整个世界对他来说是可以理解的。”[①] 在这样的氛围中,高尔吉亚式的怀疑论自然无法引起足够多的关注。

到中世纪晚期,一些新的动向使得回答怀疑论变得迫切起来。鉴于本书的范围和篇幅,为了避免不必要的叙述分散我们关心的主题,这里只谈其中的一个,那就是宇宙观的变化给人们的思想世界带来的巨大冲击。中世纪的宇宙观是亚里士多德的宇宙与基督教神话的混合物。不朽的诗人但丁用华丽工整的语言,为它建起了一座无与伦比的恢宏纪念碑。

大体来说,但丁在《神曲》中描绘的宇宙分为三个部分:地球这个最丑陋的星球位居宇宙的中心,它是背负着原罪的人类最适宜的居所;地球之上由层层行星天球所环绕,其上分别居住着那些得到上帝拯救的灵魂;宇宙的最外层则是原动天球,它是上帝的栖居之地,带动着整个宇宙生生不息地转动。长久以来,人们早已习惯在这样一个水晶球般的世界当中安居乐业,然而,哥白尼的出现却惊扰了人们的平静和安宁。他告诉大家说,你们全都错了,地球在运动着,太阳才是宇宙的中心。更为惊人的是,有一个叫布鲁诺的人走得更远,他宣称包括哥白尼在内,所有的人都是错的,太阳不是宇宙的中心,人类也不是唯一的,无数的太阳在无边的宇宙中熊熊燃烧,无数人类在无数像地球一样的星球上休养生息。

① 伯特:《近代物理科学的形而上学基础》,徐向东译,北京大学出版社2003年第1版,第2页。

没有生活在那个时代的人,很难想象这些疯狂的想法给人们的心灵带来的混乱、震惊、迷惑和恐惧。今天的我们,生活在哥白尼和布鲁诺为我们打造的宇宙之中,理所当然地认为他们才是掌握真理的人,因此我们中的大部分会嘲笑和指责那些当年反对他们的人,认为那些人的愚蠢和懦弱不自量力地阻挡了历史进步的车轮。问题是,如果我们身临其境,会比那些人做得更好吗?反正,在这一点上我本人缺乏足够的自信。

总之,当传统的宇宙观崩塌之后,身处其中的人们很难不陷于下面的各种困惑而能自拔:他们当中到底谁说的是对的?如果连每个人都能真实感知到的静止的大地都是在动的,人们还能相信什么?存在真实的世界吗?真实的世界是什么样的?人能够认识它吗?人感知到的世界是什么?难道它是虚假的吗?怎样确定什么是真的什么是假的呢?……无须诡辩家的巧言令色,高尔吉亚式的怀疑论以一种非常直截了当的方式笼罩了欧洲人的精神世界。这是西方世界一次真正的思想危机。

因此,欧洲在16和17世纪出现了一股研究人类认识方式的思潮,以培根、洛克、笛卡儿等为标志的一大批哲学家如群星般闪耀,并非偶然。上面那些梦魇般的问题正是催生这股思潮和这些天才人物的肥沃土壤。笛卡儿被称为"近代哲学之父",就在于他与古希腊哲学家和中世纪的神学家不同,他认为人能知悉确定性的真理并非不言自明的,而是需要论证的。他是第一个认真对待怀疑论并且想要彻底解决它的哲学家,他最大的理想就是为知识找到一个坚实的基础,从而构筑起人类知识的大厦。"我思故我在"这个著名的论断就是笛卡儿最终寻获的解决怀疑论的逻辑起点。

在《第一哲学沉思集》中,笛卡儿借用了阿基米德的故事来展现自己的野心。相传,阿基米德曾经说,如果给他一个支点,他将能够撬动地球。笛卡儿说,他的目的就是想为人类的知识体系找到这样一个确定无疑的支撑点。为了达到这个目的,笛卡儿破釜沉舟,他决心从普遍的怀疑开始,来找到这个确定无疑的东西。假设人们所感知的一切都是虚幻的，都出自一个邪恶魔鬼的蓄意欺骗。就比如现在的你正在阅读着这些文字的场景，都只是它制造出来的假象。那么，是不是意味着人们从此就只有缴械投降，在犹疑不定中惶惶不可终日呢？当然不是。笛卡儿认为，人们可以尽情地怀疑一切，这不是坏事，反而是一件好事，因为这恰恰证明了一个确定无疑的事实：那就是有一个东西在思考着、怀疑着。而这个思考着、怀疑着的东西就是人的精神，或者说人的自我认知。这就是“我思故我在”这句话的本意。笛卡儿说：

> 那么我究竟是什么呢？是一个在思维的东西。什么是一个在思维的东西呢？那就是说，一个在怀疑，在领会，在肯定，在否定，在愿意，在不愿意，也在想象，在感觉的东西。[①]

由此，笛卡儿认为自己找到了那个支点。它就是无可置疑的存在着的人的精神，或者说灵魂。由这一点出发，笛卡儿继续论证了上帝的存在，再由上帝的存在论证了现实世界的真实性。他说，人的精神虽然是真实存在的，但是它在犹豫、在怀疑，说明它并不完满。一个完满的东西不会怀疑，因此人的精神显然出自一个更完满的原因，它就是全能的上帝。既然上帝是真实存在的，而它不可能是一个骗子——因为一个会骗人的东西肯定不完满，所以人类感知到的东西也必定是真实无疑的。

依据自己的一系列论证，笛卡儿相信，凭借人类理智当中的天赋观念，是能够把握确定性的真理的。在他

① 笛卡儿：《第一哲学沉思集》，庞景仁译，商务印书馆1986年第1版，第27页。

的规划中，人类的知识体系是一个像欧几里得几何学那样自明的演绎体系，其中形而上学是树根，物理学是树干，其他各门学科则是树上结出的果实。

笛卡儿特别强调人的精神相对于肉体的优先地位，并且理性的直觉和内省才是人真正可以依赖的认知手段，所以他往往又被称为理性主义者。与此相应，鼓吹经验在认识过程中具有重要作用的培根、洛克等人，则被戴上经验主义者的帽子。有时，人们甚至把二者视为对立的两极。

实际上，所谓的经验主义者与所谓的理性主义者之间的分歧，不像人们一般认为的那样宽阔。也可以说，他们的共同点可能比他们的分歧还要多一些。首先，没有一个所谓的经验主义者认为理性在人们形成知识的过程中不重要，或者不具有某种优先地位。培根有一个著名的比喻。他说有些只注重逻辑推理的人就像蜘蛛，只会吐丝，得不出有用的东西；而有些只知道收集经验事实的人则像蚂蚁，只会拼命积攒各种零碎，认识不到真相；真正有智慧的人应该二者兼具，他们像蜜蜂，收集花粉，然后酿造出甘甜的蜂蜜。同样，笛卡儿也不认为经验毫无用处，否则他也不会花费心思去论证物质世界的真实性。他们在这一点上的分歧，仅仅在于感官获得的经验在知识的形成中是不是必要因素。培根和洛克给出的是肯定回答，而笛卡儿给出的是否定回答。其次，那一代的哲学家，没有人反对认识的终极对象是确定性的真理，也没有人认真地想去从根本上摧毁形而上学的体系。不同的是，笛卡儿试图建立起一种普遍的、确定的知识系统；而洛克要节制得多，他坦率地承认，在某些实践领域，获得绝对确定的知识是不太可能的。

4. “我不杜撰假说”

在16和17世纪，对人类的认识能力抱有更审慎态度的是一些从事自然科学研究的人，譬如牛顿。在结束由于宇宙观崩溃带来的思想混乱，以及安抚人们受到惊吓的心灵这两个方面，没有人能与他相提并论。用培根的比喻来说，牛顿是蜜蜂式人物的典范。他用万有引力统一了天上和地上的运动,并用精致的数学技巧建造了一个全新的宇宙。它是如此的和谐完满,秩序井然,而且按照牛顿本人的说法,它是上帝用无与伦比的力量施加影响的结果。人们没有理由不为这样一个新的居所感到心满意足。然而,这只是普通人的想法,敏锐如莱布尼茨这样的哲学家洞悉了牛顿理论中存在的致命缺陷。

牛顿体系当中最大的问题是他没有对引力的本质是什么给出合理的说明。莱布尼茨等人对引力本质的质疑有三个方面。第一,引力显然不是出自经验的直接观察。人们能够看到的只是苹果掉落到地面,但观察不到地面对苹果的任何拉扯作用。第二,引力显然也不是某个理性直观推演的结果。任何一个三角形,其三个内角之和总是一个平角。这能够通过逻辑推演正确无误地得出。但是引力显然不能通过这样的方式得出来。第三,最为神奇的是,引力居然能够在两个物体没有任何接触的情况下发生作用。莱布尼茨用充满嘲讽的语气说,牛顿把一个最隐秘、最不可理解的东西塞进了原本清晰明了的宇宙之中。从当代科学的进展来说,莱布尼茨对牛顿的质疑非常合理,也只有在今天引力波得到确证之后,这三个问题才有了答案。

牛顿清楚他理论中的缺陷。即便在一开始他不清楚,咄咄逼人的莱布尼茨不依不饶的追问,也能让他意识到。他的回应是"我不杜撰假说"。这句话的意思与"我思故我在"一样广为流传,也一样广泛地引起了各种误解。牛顿想说的意思是,存在如此多的现象——无论行星的运动还是物体的自由下落,都能通过引力作用来解释,这就充分说明了引力的存在;至于说引力的本质是什么,人力有时而穷,这显然超出了人的理解能力之外,因此我不能假装我知道些什么并把它说出来。牛顿总结出了哲学推理的四条规则,此处我们引用其中的第一条和第四条:

规则Ⅰ:寻求自然事物的原因,不得超出真实和足以解释其现象者。

规则Ⅳ:在实验哲学中,我们必须将由现象所归纳出的命题视为完全正确的或基本正确的，而不管想象所可能得到的与之相反的种种假说，直到出现了其他的或可排除这些命题、或可使之变得更加精确的现象之时。[①]

这两条规则已经富含20世纪科学哲学的气息。其中，牛顿比洛克更加直白地说明，实验哲学，即我们今天所说的自然科学，追求的是对自然现象的准确解释并能够解决问题。所以，从现象中总结出来的引力能够解决天体的运动，能够说明潮汐现象，这就已经足够了。那些整天围着引力理论评头论足，说它这里不完善，那里有问题的人，纯粹是在吹毛求疵，没事找事。第四条规则的后半段，我们完全可以把它想象为一个场景：牛顿双手叉腰，自信而豪迈地向他的那些论敌们大声呵斥，要不你们拿出更好的来，要不你们就闭嘴。

在划时代的巨著《自然哲学的数学原理》一书的"总释"部分，牛顿明确地拒绝了将寻找终极原因及事物本性作为实验哲学的目标。可以说，他比同时代的哲学家都更有远见地预感到了半个世纪之后休谟思想的到来。

5. "习惯是人生的伟大指南"

艾耶尔说，在他心目中，休谟是"所有英国哲学家中最伟大的一位"[②]。无独有偶，罗素也对他的这位同胞青眼有加，在《西方哲学史》中称他是"哲学家当中一个最重要的人物"[③]。不过，结合上下文来看，无法断定罗素这里的"哲学家"意指自古以来所有的哲学家，还是仅仅指书中那部分内容集中论述的近代哲学家。

① 牛顿：《自然哲学之数学原理》，王克迪译，陕西人民出版社2001年第1版，第449页。

② 艾耶尔：《休谟》，李瑞全译，台湾经联出版社1983年初版，第I页。

③ 罗素：《西方哲学史(下)》，马元德译，商务印书馆1976年第1版，第196页。

在我看来，休谟是自古希腊之后最杰出的哲学家。如果说西方哲学传统中存在界线的话，休谟就是那道最为显著的分水岭。他以一种彻底的经验主义立场，终结了古典的形而上学，并迫使后来的哲学家们，包括那些试图重建形而上学的哲学家们，把更多的注意力用于关注和解释人的经验世界。

休谟思想的渊源是另外一个复杂的故事，需要专门的一本书来讲。这里只关注他的结论。总体而言，在关于知识的问题上，像笛卡儿这样的人是建设者，像休谟这样的人则是破坏者。笛卡儿是为了建设去怀疑一切，而休谟则是为了破坏去辨析一切。休谟的纯哲学作品，不管是早年的《人性论》，还是晚年的《自然宗教对话录》，都是争强好胜的辩论风格与冷静犀利的分析风格的古怪结合。在《人性论》的一开始，休谟就毫不犹豫地展现了他的战斗性和侵略性。他认为很多哲学家自鸣得意地觉得自己洞悉了真理的奥秘，而他建立一门"人性的科学"的目的就是要去揭开他们身上的画皮，看穿他们外表光鲜亮丽内里实则虚弱不堪的本质。用俗话来说，既然大家都对自己的观点自信满满，那是骡子是马，得拉出来遛遛才能见分晓。休谟所谓的人性的科学在《人性论》第一卷中与今天的心理学和认知科学相当，在其后两卷中则扩展到了道德和伦理的领域。囿于本书的范围，我们只讨论第一卷的内容。

休谟认为人们的知觉不外乎两种：印象和观念。印象是外部事物在人的感官上留下的强烈的、鲜明的烙印，它是一切知觉的来源。观念则是印象经过心灵的加工之后留存在心灵中的摹本。二者的差异不是本质上的，只是程度上的，印象比观念更鲜明、更生动、更活泼。另外，印象一般来说都是简单的，但是观念则不然。这与人的心灵的能动性有关。人的想象是绝对自由的，他的心灵能够将各种观念自由组合，形成复合观念。譬如谁也没见过"飞马"这种东西，但并不妨碍人们把"马"和"翅膀"这两个观念结合在一起，形成"飞马"的观念。而拿中国人熟悉的"龙"这种图腾动物来说，它不过是人们在心灵中将9种不同的动物的肢体拼在一起而形成的观念罢了。而且，尽管并没有真实的龙存在，人们仍然能绘声绘色地描述关于龙的各种场面。

比较有意思的是,休谟还进一步指出,印象与观念之间的关系是非常复杂的,而不是单向的。因为观念也能够唤起人们的感官而产生印象。他把由外部刺激直接产生的称为“感觉印象”,由观念唤起的称为“反省印象”。所谓的反省印象,实际上就是人的情绪。休谟举例说,某个东西刺激感官,产生了冷、热、甘、甜、苦、乐等诸种感觉印象,这些印象随之在心灵中生成相应的观念,人们在回忆起这些观念后,就会产生或者厌恶,或者喜好,或者希望,或者恐惧等感觉。这些厌恶、喜好、希望、恐惧等等就是“反省印象”。

总之,在休谟看来,人类心灵中的一切素材,不管是简单的还是复杂的,不管是具体的还是抽象的,都无一例外地来自人的感觉经验。这是我们将休谟的经验主义称为彻底的经验主义的原因。但同时我们必须注意到,休谟对想象自由的强调又表明,人类心灵对复合观念和抽象观念的推演,完全不需要依据经验来进行。要完整地理解休谟,这两个方面缺一不可。

借此,休谟对古典形而上学的第一波攻击已经完成。按照他的观点,人类的心灵能够构造出外部世界根本不存在的东西,因此从人的心灵当中有某个观念来推断外部世界当中必定有与这个观念相对应的东西存在,是完全站不住脚的。这样一来,笛卡儿那一系列的论证显然就无法成立,因为他正是从人类的心灵出发,由内而外地推证出上帝和万物的确定性和真实性的。外界是否有一个真实的完满的上帝存在,与人的心灵能够构造出一个完满的上帝观念,是完全不相干的两件事情,由后者想要推出前者,是没有充分依据的。自古希腊以来,笛卡儿这种论证套路在形而上学中可谓大行其道,但在休谟看来,这只是一种相当典型而且富有欺骗性的诡辩。

接下来,休谟通过对形而上学钟爱的“实体”观念进行否定,发动了对形而上学的第二波攻击。他说:

实体(substance)观念是从感觉印象得来的呢,还是从反省印象得来的呢?

> 如果实体观念是从我们的感官传给我们的，请问是从哪一个感官传来的，并以什么方式传来的？如果它是被眼睛所知觉的，那么这个观念必然是一种颜色；如果是被耳朵所知觉，那么它必然是一种声音；如果是被味觉所知觉，那么它必然是一种滋味；其他感官也是如此。但是我相信，没有人会说：实体是一种颜色，或是一个声音，或是一种滋味。因此实体观念如果确实存在，它必然是从反省印象得来的。但是反省印象归结为情感和情绪，两者之中没有一个能够表象实体。因此，我们的实体观念，只是一些特殊性质的集合体的观念，而当我们谈论实体或关于实体进行推理时，我们也没有其他的意义。①

这里，休谟彻底的经验主义立场体现得淋漓尽致。他这段话的意思可以用下面的例子来说明。苹果很常见，很多人都爱吃，但苹果是什么东西呢？首先，从感官经验的角度，我们可以说苹果是红的、圆的、甜的、脆的、硬的、能解渴的、能充饥的等等；其次，除此之外，人们一般还会认为，有一个实体性的东西承载着所有感官告诉我们的这些性质，而这个实体性的东西才是真正的“苹果”。休谟的意思是，事实上人们对苹果的认识只能限于上述的第一个阶段，至于说是不是有一个实体性的“苹果”存在，人们是一无所知的，因为这个实体没有在人的感官当中引起任何印象。实体和实体构成的世界，是形而上学的基础，休谟的这一攻击同样具有极强的杀伤力。需要注意的是，休谟这里只是否定了人能够认识

① 休谟：《人性论》，关文运译，商务印书馆1980年第1版，第28页。

所谓的实体,实体在人的感知范围之外,但他没有断言实体一定不存在。

休谟对形而上学发动的第三波攻击,是对因果关系的批判性思考,这更具颠覆性。他完全否定了人们能够在经验的基础上寻求确定性知识的可能性。人们通常所说的"休谟问题",正是针对这部分内容而言的。

休谟认为人类的知识分为两类,一类是关于观念间的关系的知识,一类是关于实际事情的知识。在康德之后,前者一般被称为分析的知识,主要包括几何和代数知识;后者被称为综合的知识,包括除前者之外所有的其他知识。在哲学史上,休谟的这种划分又被人们称为"休谟的叉子"。

第一类知识建立在理性直观的基础上,只要遵循严格的推演程序,这类知识的结论都是严格决定的、绝对正确的。休谟这里的"理性直观"有两个层面的含义。第一是指人类心灵的直觉,比如初等代数中"1+1=2"这个等式,就来自这样一种直觉。这种出自直觉的知识是自明的,人们无法再去追问更多的理由,同时它们构成了分析的知识的基础。就像欧几里得的几何学就是建立在五个自明的公理的基础之上。第二是指人类心灵的推理必须遵循无矛盾律。道理很简单,"无矛盾律"指的是一个东西不能同时既是它又不是它,也就是"A"与"非A"不能同时成立,否则人类的心灵将无可避免地陷入混乱。从根本上来说,分析的知识所包含的结论,除了那些自明的前提之外,全部都是由心灵在那些前提的基础上,根据无矛盾律推演出来的。对几何和数学知识略有了解的人来说这应该很容易理解。

不过,虽然分析的知识是绝对正确的,但它对人类的经验和实践却毫无意义。首先,分析的知识的确定性并不依赖于外部世界是否有相应的东西存在,就像休谟说的:"自然中纵然没有一个圆或三角形,而欧几里得所解证出的真理也会永久保持其确实性和明白性。"[①] 既然如此,分析的知识中的那些真理也只适合相应的那套观念体系,对人类的生活和现实的世界来说也就不会发生什么作用。说得难听点,它们不过是人类心灵的自娱自乐,只要定义合理清晰,推理过程自洽无误，人们想得到什么样确定的结论都是可以的。打个比方说，小说家写小说，只要故事编得好看，人们都会看得津津有味。但小说里那些导致天昏地暗、日月无光的打斗，无论如何也只会停留在故事里，不会影响到现实世界的运行。休谟在这一点上显然是富有前瞻性的。人们在19世纪修改了欧几里得几何体系里的第五条公理(即著名的"平行线公理")，导致了两个非欧几何世界的出现。但于人的经验世界而言，这没什么影响，人们生活的还是原来那个世界。其次，分析的知识都是从前提中推导出来的，说到底不过是同义反复而已，它不会带来新的预见。也就是说，它是一个没有产出的封闭的体系。一个简单的例子足以说明这一点。我们看下面这个推理：

大前提：所有人都会死。

小前提：阿Q是一个人。

结论：阿Q必然会死。

这是一个典型的演绎式推理，几何和代数的知识都是建立在类似的推理基础之上的。很显然，结论相对于前提什么新东西也没有。

第二类知识中，人们则大量使用了"因为……所以……""产生""导致""引起"这样的连接词来进行推理。也就是说，因果关系模式主导了第二类知识。人们在使用因果关系的时候，心照不宣地认为原因和结果之

① 休谟：《人类理解研究》，第26页。

间存在着必然性的、决定性的联系。问题是，休谟非常敏锐地追问：人们从原因推断出结果的过程是怎样的？其中的必然性的本质是什么？他提出了下面两个问题，并且详细地对它们进行了剖析，最终得出了骇人的结论。

第一，我们有什么理由说，每一个有开始的存在的东西也都有一个原因这件事是必然的呢？

第二，我们为什么断言，那样一些的特定原因必然要有那样一些的特定结果呢？我们的因果互推的那种推论的本性如何，我们对这种推论所怀的信念(belief)的本性又是如何？[①]

关于第一个问题，休谟说，“一切事物(过程)的出现，必定需要一个原因”，这是一条公认的真理，而且也得到了很多形而上学家的辩护，然而问题是这个原理真像大家想的那么正确吗？那些为此进行的辩护真的站得住脚吗？答案是否定的。首先，休谟强调，一个事物(过程)出现了，人们假设它有一个原因，与人们假设它没有原因、完全产生于偶然，在逻辑上是等价的。没有理由认为前者比后者合理。人们之所以认为前者合理而后者荒谬，恰恰就在于人们在心目中已经有了先入为主的成见：一个事物(过程)的出现如果没有原因是怪异的、不可理喻的。所以，认为一切事物(过程)都需要一个原因的观点，其实没什么拿得上桌面的证据。

进而，休谟逐一驳斥了三种流行的对这一观点的论证，并一一指出了其中的谬误。有人说，一个东西本来

① 休谟：《人性论》，第94页。

出现在时间和空间的机会是一样的,只是在特定的时间和空间里,由于特殊的条件,它才得以真实显现,因此凡发生的事情必有其原因,这些特殊的条件就是其原因。休谟指出,现在讨论的是那个东西存在的“原因”,也就是先要解决那个东西能不能存在的问题,然后才谈得上它出现在何时何地。而这种观点已经假设了那个东西的存在,持有这种观点的人显然连状况都没有弄清,完全是不值一驳的诡辩。还有人说,一个东西出现,如果没有任何原因,那么它就是自己产生出自己的,也就是说它在自己存在之前就已经存在了,这是荒谬的。休谟反驳说,这种观点实际上是说一个东西不能成为本身的原因。但是,既然认为一切事物的出现不需要原因,当然也必须排除“自己成为自己的原因”在内。这样一来,这种观点的错误也就显露出来了:都已经假设了某物的出现不需要原因了,却又给它找来一个,这当然是自相矛盾的。另外也有人说,如果一个东西没有原因,那么它的原因就是虚无,而虚无不可能是任何东西的原因,所以凡物必有因。这种观点的错误性质与第二种说法完全一样,无须赘述。

关于第二个问题,休谟则用了三个步骤来进行论述。

第一步,休谟指出,因果推理不是第一类知识(即分析的知识)中的逻辑推理。数学和几何式的逻辑推理能够环环相扣、不断传递的奥秘,就在于每一个结论都包含在前提之中。而人们在使用因果推理进行判断的时候,原因与结果之间完全没有包含关系,二者的性质有可能根本不同。结果不是对原因的同义反复,而是全新的东西。所以,从原因到结果的推论,无法依靠理性的逻辑推理来达成。举例来说,“因为坐在火炉边,我感到很暖和”是一个因果推论。很明显,结论“暖和”并不蕴涵在前提“火炉”当中,人们显然是无法把这样一个推证用上面那个“阿Q必然会死”的模式来表述的。因此,休谟总结说:

一个人不论有如何强烈的自然理性和才能,他在遇到一个完全信的物象时,纵然极其精确地考察了那个物象的各种可感性质,他也不能发现那个物象的任何一种原因或结果来。我们纵然假定亚当的理性官能一开始就是很完全的，他也不能单根据水的流动和透明就断言水会把他窒塞住，他也不能只根据火的光和热来断言说，火会把他烧了。任何物象都不能借它所呈现于感官前的各种性质，把产生它的原因揭露出来，或把由它所生的结果揭露出来。我们的理性如果不借助于经验，则它关于真正存在和实际事情也不能推得什么结论。①

第二步，根据上一步的论证，因果推理中的必然性不是人类理性直观和逻辑推演的结果，所以它只能来自经验，但是休谟紧接着强调，它不是直接通过经验感受到的。他举例论证说：

当我们在周围观察外物时，当我们考究原因的作用时，我们从不能只在单一例证中，发现出任何能力或必然联系，从不能发现出有任何性质可以把结果系于原因上，可以使结果必然跟原因而来。我们只看到，结果在事实上确实是跟着原因来的。一个弹子冲击第二个弹子以后，跟着就有第二个弹子的运动。我们的外部感官所见的也就尽于此了。人心由物象的这种前后连续，并不能得到什么感觉或内在的印象。因此，在任何一个特殊的因果例证中，并没有任何东西可以提示出能力观念或"必然性"的观念来。②

休谟想要表达的意思是，人的感官永远只能感知到有前后相继的两个事件发生，但是这两个事件之间有什么"必然性"，却是无法观察到的。一个运动着的弹子撞在一个静止的弹子上，然后第二个弹子开始运动，在人

① 休谟：《人类理解研究》，第28页。

② 休谟：《人类理解研究》，第58页。

类的感官中这是两个独立的事情。除了这两件事发生的空间接近、前后相继之外，人类的感官没法呈现它们之间还有什么别的关系。有读者朋友看到这里会说：休谟如此论证是因为他掌握的物理学知识还不够，只要学过动量定理的中学生都知道，第一个弹子的运动确实是第二个弹子运动的原因，在碰撞的过程中，第一个弹子将动量传递给了第二个弹子，所以第二个弹子才开始了运动。假如休谟听到这种反驳，他一定不会认为自己的论证是错的。他会继续争辩说：哦，好的，现在我知道有一种叫动量的东西转移到了第二个弹子之中，但这能说明什么呢？动量进入弹子和弹子开始运动仍然是相互独立的两件事，人的感官除了确定这两件事在空间上接近、在时间上相继之外，其他同样也什么都告诉不了我们。所以，只要坚持强硬的经验主义立场，休谟的这个论证并不能被驳倒。

第三步，既然"必然性"不是依靠经验观察直接得来的，人们又是怎样进行因果推理的呢？休谟的回答是：无他，对过往经验的总结而已。当人们累积足够多的具有空间上接近、时间上前后相继的同类事情发生的经验后，前面发生的事情一出现，人们就会自然而然地猜测后面的事情也一定会出现；或者换个说法，当前面发生的事情刺激人的感官产生一个印象后，心灵中原本与之对应的观念就会活跃起来，同时后面发生的事情的观念也会随之活跃起来，人们就预见到它一定会出现。所以，因果推理不过是人类心灵的习惯性联想。一个简单的例子：人们千万次的看见闪电过后会紧接着雷声，因此只要一看到闪电就立即会想到雷声，所以人们就推断闪电是雷声的原因。那么这种习惯性联想的必然性如何呢？答案是显而易见的。我们刚才所举的闪电和雷声的例子在今天是一个众所周知的错误，这就充分说明心灵的习惯性联想并不能保证原因和结果之间的必然性和决定性。所以，一个骇人的结论就是，休谟认为的因果必然性根本得不到证明，它是虚假的和不可信赖的。

休谟对因果推理的思考，有时又被人们称为"归纳问题"。这当然是一种误解，毕竟因果问题涵盖的内容比归纳问题深广得多，而且不管在《人性论》还是由《人性论》第一卷改写而来的《人类理解研究》中，休谟其实都没怎么使用"归纳"这个字眼。但是，这种说法也不是完全没有道理，在上述第三个步骤的相关论述中，我们确实能够总结出休谟对归纳方法的批判。

一方面，休谟的意思可以概括为，使用归纳法并不能保证人们一定能得到确定性的普遍原理。同样的事情已经发生了一万次，我们能推断出第一万零一次还会同样再发生吗？在它再次出现之前，我们是无法确保这一点的。所以，不能指望依靠人类有限的经验来证明一个普遍的原理。人们之所以相信从"过去太阳总是从东边升起"能够推断出"太阳明天也会从东边升起"，暗地里依赖于这样一个假设："我们所没有经验过的例子必然类似于我们所经过的例子，而自然的进程是永远一致地继续同一不变的。"[①] 然而，休谟强调，这个"自然的一致性"假设是无法得到证明的。

另外一方面，休谟提到，人们使用归纳法进行推理的时候，得益于如下事实的鼓舞：大家在过往一直是这样做的，而且都取得了成功。但是这种鼓舞从逻辑上来讲毫无用处，因为它其实是一个循环论证。"大家在过往一直是这样做的，而且都取得了成功"这句话本身就是一种归纳，用归纳出来的结论证明归纳的可靠性，显然不能构成有效的证据。就像在法庭上，法官不会将嫌疑人的自我辩护作为有效的无罪证据一样。

① 休谟：《人性论》，第107页。

到此为止,我们简略地介绍了休谟对于人类认识的研究。可以用两句话概括他的主要观点。第一句:普遍和绝对确定性的真理只有在人类心灵中那些封闭的观念体系中才能找到,但这与现实的世界无关。第二句:因果必然性是虚假的,它仅仅是人类心灵的习惯性联想,人类在现实世界中无法找到他们希望的那种绝对真理。而如果用休谟自己的话来说则更为简单,在他看来,他全部的论证只需要归结为一句话:“习惯是人生的伟大指南”[①]。这句话余韵绵长,值得细细品味。

6. 本章小结

如果按照弗雷泽的观点,人类从一开始就把追求确定性作为自己的目标;而按杜威的观点,确定性的寻求至迟在古希腊人的形而上学中已经具有核心的地位。结果到了休谟这里,寻求确定性成了一个美丽的泡影。人们生活在习惯之中,指导人们的不是明晰的、指向光明的真理,而是盲目的、不知归处的习惯。休谟宛如一个淘气的小孩,在哲学家们精心看护了好多年的形而上学花园里横冲直撞,留下满地狼藉,然后跳着脚喊道:“看啦!这块据说盛产真理的宝地里其实啥也没有!”在西方思想史上,从古希腊到休谟,是一个惨淡的循环。

由于休谟把经验主义推向极致,有很多人认为休谟把人类的知识范围严格限定在了经验的范围之内。这完全是一种彻头彻尾的错误。休谟所说的观念的想象自由,其实已经表明,人类心灵利用经验构建的知识,实

① 关文运先生的译文是“习惯就是人生的最大指导”,见《人类理解研究》第43页。

际上能够远远超越经验的范围。人类认识的困境也正是因此而产生的。他对因果关系的思考表明,试图从人的经验中为超越经验的知识寻找证据,是荒谬和不切实际的。这其中的根源在于,古典形而上学割裂了精神世界和经验世界,认为只有精神世界中才有普遍和绝对的确定性,但是柏拉图之后的哲学家们却根本没有对这两个世界的知识进行任何区分,而是把所有人类知识混为一谈。这相当于把来自精神世界的要求——追求知识的普遍和绝对确定,又重新强加给了人类从经验世界获得的知识。对于人类有限的感知能力来说,这种要求完全是不可能承受之重。如果人类孜孜以求的实体、真理,确实是隐藏在表象之下的,而人的经验又确实只能反映表象,那么,有什么理由寄希望于人的经验能够去证明那些实体和真理的存在呢?

问题是,休谟对因果性解构带来的不仅仅是对形而上学的颠覆,其中包含的破坏性和危险性是显而易见的:它实际上消解了人类知识的所有根基。如果人类所有的知识都是不可靠的,那么人类将何以自处?可以说,休谟给人类寻求知识挖出了一个巨大无比的坑。休谟对此是心知肚明的。在《人性论》第一卷的末尾,他坦率地承认,他的这本书将使得人们"过去全部的辛苦勤劳都显得可笑",并因而丧失掉面对未来的勇气。这一点,后来的人们感同身受。罗素说休谟的道路是一条"死胡同",沿着他的方向前进,人类根本看不到未来。大约正是因为如此,杜威在《确定性的寻求》中提到了培根、洛克和笛卡儿,但一个字也没有提到休谟。

休谟身上散发出来的怀疑主义的味道令人厌恶,但是不管怎样,如果想致力于为人类的知识辩护,他挖出来的坑就不能不去面对。因此,20世纪的逻辑经验主义者放弃绝对确定性,转而为寻求科学知识的合理性绞尽脑汁,乃是自然而然同时又无可奈何的选择。

第二章

惹不起未必躲得起

逻辑经验主义的兴衰

如果前进的道路上有一个巨大的陷阱，人们采取的策略大抵也就两种。一种当然是直面它，想办法填平它或者是在上面架一座桥，然后继续向彼岸的目标进发。作出这种选择的人，若非有大智慧，就是有大勇气，或者二者兼备。面对休谟留下的大坑，康德从独断论的迷梦中被惊醒之后，毫不犹豫地选择了去填平它。康德发明了一些新的理论工具，他不仅试图重建形而上学的大厦，并且还希望能连通古典形而上学割裂的人类理性世界和经验世界。黑格尔也试图做同样的事情，但他的思想进路却又跟康德完全不同。罗素称呼像康德和黑格尔这样的人为"大体系"的缔造者，确实是名副其实的。他们的志向令人仰视，态度令人钦佩，成就令人敬畏。遗憾的是，他们未能完成他们想要完成的任务。这一点，从逻辑经验主义者喜好的一种文风中，可以略窥一二。一段时间内，这些人中间流行的写作方式是，先引述一段康德或者黑格尔的原文，然后对其中语义不清、逻辑不明的地方品评一番，接着才开始得意扬扬地展开自以为正确的观点。本书不准备讨论这种策略，毋庸多谈。

一般来说，人们采取的策略通常是另外一种——不冒冒失失往前冲，先看看能不能找到一条其他的道路，免得最终坠入彀中。这种策略说好听点是圆通和明智，但相对于康德们来说就是懦弱和逃避了。逻辑经验主义者采取的就是这种策略。他们有一句著名的口号，叫作"拒斥形而上学"。在冠冕堂皇的辞藻下面，这个口号想要达到的目的其实很简单：既然休谟已经论证过了，真理是人类不可企及的东西，不如干脆大大方方地承认，人类的科学知识不以追求真理为目标不就行了吗？何必明明看见前面的那个坑深不见底，还非得往里跳呢？也就是说他们通过拒斥形而上学把知识的真理性问题转化成了知识的合理性问题。这种想法看上去非常聪明，深谙惹不起总躲得起的处世之道，问题是，康德们没能达到目标，他们就能吗？这部分是本章即将讨论的话题。

首先需要声明的是，“逻辑经验主义”在本书中是一个相当宽泛的指称，我用它来指试图在现代逻辑和人的感官经验的基础上为科学的合理性进行辩护的思想运动；相应地，“逻辑经验主义者”则泛指参与这场盛大的思想运动的哲学家。人们通常把这种思潮又分为不同的阶段，用“逻辑原子论”“逻辑实证主义”“逻辑经验主义”“批判理性主义”等不同的名字来称呼它们；同时，还根据这些不同阶段的主要参与者的具体论述，分别给这些人贴上“主观唯心主义”“客观唯心主义”“唯我主义”“归纳主义”“演绎主义”等不同的标签。在我看来，研究不同的人在具体问题上是如何论述的，当然非常必要。但是，当过度沉迷于对问题的细节性、技术性分析的时候，很可能会忽略掉这些问题是如何产生的，从而无法从整体上把握这种思想运动展开的内在逻辑。在很多时候，弄清人们为什么会问一个问题，比弄清他们如何回答这个问题更重要。

1. 世纪之交的物理学革命

人类思想史的运动是一个复杂的故事。一股令人注目的思潮之所以出现，当然是为了回答一些问题，解释一些问题，以及(如果可能的话)解决一些问题。然而，大部分时候并非问题一出现，人们就会去关注它、思考它。有的问题很早就有，但人们不认为它重要，或者认为它其实不是问题，甚至只是一种自说自话的呓语，因此不值得认真对待。时过境迁，在一些新的状况到来之后，人们才会发现，原来这个问题很重要，必须回应，这才会去重视它、研究它。就像酵母，没有适宜的环境，它不能把面粉变成一团酸软的面团。所以，如果我们想要把握一种思潮的主旨，除了要搞明白它究竟想回答什么问题之外，还需要了解这些问题为什么会在当时成为问题。比如说上一章提到的近代认识论思潮,不从世界观的变动带来的冲击出发去理解,将会是事倍功半而且难以抓住要领的。同样的道理,20世纪的逻辑经验主义是休谟问题的延续,要理解它为什么会在此时形成气候,先要知道世纪之交的物理学革命给人类思想带来了什么样的挑战。

虽然休谟对因果问题的批判是清晰而深刻的,但在很长的一段时间却被人们视若无睹。这没什么奇怪之处,在身边就有一个现成的真理的典范的时候,没有人会把他说的当真,而只会把他的那套说辞当成诡辩家们假装高深的花言巧语。这个现成的真理自然就是牛顿的力学体系。康德有勇气去填平休谟留下的坑,其实也是因为牛顿力学的存在。

1759年,休谟正忙于出版他的英国史著作,20多年前写成的《人性论》早已被束之高阁。这一年,发生了一件在科学史和思想史上都意义非凡的事件——一颗彗星掠过了地球的上空。这颗彗星的特殊之处在于,半个世纪之前它就被人准确地预测到了。这个人的名字叫哈雷,他预测的依据正是牛顿的体系。行星的运动虽然不规则,但多少还有迹可循,彗星则是纯粹的天外来客,人们之前从来没有准确地预见过它会在何时出现。哈雷的成功,把牛顿和他建立的体系的声望,又推向了一个高峰。试想,如果连神出鬼没的彗星都不得不遵从这个体系的安排,除了证明它是真理之外,还能证明什么呢?在人类文明史上,1759年出现的哈雷彗星是奠定科学的地位的标志性事件。

随着更多像哈雷彗星这样的事件一一得到确认,科学的地位在19世纪有增无减。人们相信,对真实世界的真实描述是完全可能的,科学知识之所以能够成功,就在于它是对真实世界的准确描述。到这个世纪的最后20年,物理学家们普遍认为,由牛顿奠定基石,后来的科学家们打造出来的经典物理学大厦已经建成了。人们相信这个新的大厦是如此的牢固和真实,就像中世纪的人们曾经相信一个以地球为中心的宇宙是如此的无可置辩一样。当然,19世纪的物理学家们当然不会觉得，中世纪那些出自哲学家的思辨和神学家的狂想的东西，与人们此时掌握的建立在事实基础上的物理学的基本定律有什么可比性。他们坚信，那些定律如果不是真理，也是最为接近真理的东西。很多一流的物理学家都在沾沾自喜地抱怨说，物理学已经是一个没有多少前途的学科了，因为重要的基建工作都已经完成，剩下的只是零敲碎打的装修了。

风起于青蘋之末。在人们准备随时为洞悉宇宙的终极奥秘而弹冠相庆的时候，两朵乌云出现在了物理学的上空。其中之一是人们想方设法想要找到绝对静止的空间，但各种精妙的实验设计最终均告失败。其中之二是人们在研究黑体辐射的时候，理论的计算始终无法与实验相互匹配，而且按照理论的计算会出现荒谬的结果。这两朵乌云分别对应着20世纪物理学的两大突破性进展：相对论和量子力学。一般的科学史作品，通常都以这两件事作为理解20世纪物理学革命的起点。这种做法当然不能说是错的，但严格来说却并不全面。因为这两件事最大的意义在于揭示了经典物理学理论存在着严重的困难，而不在于开辟了物理学的新方向。物理学新道路的出现，更多的与人们对经典物理学的基本概念和原理的批判有直接的关系。从马赫的思想与相对论产生的关联中，我们能清楚地看到这一点。

1883年，马赫不声不响地出版了他的《力学及其发展的批判历史概论》（以下简称《力学批判》）。这本书是马赫对力学的基本概念、原理和发展过程的系统回顾和深入思考。马赫认为，当时的物理学教科书中充满了各种精致的概念和繁复的数学公式，但它们实际上阻止了人们真正理解物理学的本质。物理学发展起来是为了解决实际问题的，它的基础是人类的经验而不是思辨，它不是数学，不能只关注抽象符号的数学运算。教科书中的各种概念，已经充斥了太多形而上学的因素，它们是物理学发展过程中各种神学、形而上学、神秘主义思想留下来的残余。它们的存在对物理学来说不仅是不必要的，而且是有误导性的。

因此,马赫把《力学批判》的目标定位为“清理思想,揭示问题的真正意义,摆脱形而上学的晦涩”[1]。例如,马赫说“力”这个概念就有着浓厚的形而上学和万物有灵论的色彩。人们的经验感知只能发现自然物之间有相互接触,以及接触之后产生的后果,但没有任何关于力的知觉经验。人们之所以认为自然物的运动是由于某种“力”的作用产生的,其根源是,在日常行动中,人们的心灵能够感受到身体肌肉有“推”或“拉”的牵引,当人们把这种感受推而广之,认为其他自然物产生运动也是由于“推”“拉”的作用时,“力”这个概念就产生了。马赫认为,就现有的物理学理论来说,“力”这个概念是完全没有必要的,也是可以取消的。再比如,马赫认为牛顿把“质量”定义为“物质的量”毫无意义,这里面包含着浓厚的形而上学实体的含义。既然实体是人的感觉经验无法观察到的,谈论它们的“量”就是不合理的。而且,牛顿用密度和体积的乘积来为它下定义,显然是一个循环论证。事实上,从加速度这个具有经验意义的物理量出发,能对“质量”给出一个新的含义明确的定义:它是一个物体获得某个加速度难易程度的体现。从上述讨论中,我们能够感受到马赫休谟式的经验主义立场。

不过,从物理学后来发展的结果来说,马赫在《力学批判》中对经典物理学概念最出色、最有意义的批评是对“绝对时间”和“绝对空间”的批评。

牛顿在《自然哲学的数学原理》中,对绝对时间和绝对空间进行了明确的界定。简单地说,牛顿认为绝

① 马赫:《力学及其发展的批判历史概论》,李醒民译,商务印书馆2014年第1版,第17页。

对时间就是一条均匀流逝的长河，而绝对空间就是一个自身不动、处处均匀但容纳万物运动的巨大容器，万物的演化都是在它们标定的刻度中进行的。绝对的时间和绝对的空间彼此独立，它们与万物的演化也彼此独立。马赫虽然对牛顿推崇有加，但在此处却一点情面都不留地嘲笑牛顿仿佛还生活在中世纪的思想中，完全背离了他自己宣称的科学只应该研究实际事务的目标。

马赫认为，时间观念出自人们对事物变化的感知，事物变化延续的过程就是人们所说的时间。可是，人们在心灵中对这种感知进行了倒置，认为时间的流逝导致了事物的变化，所以才有了绝对时间的观念。同样，空间观念来自人们对物体位置移动的感知，物体因为运动发生了位置改变，其中的间距就是空间。牛顿讨论绝对空间的目的，是为了给事物运动提供一个绝对静止的参照物。马赫说，这种做法是毫无意义的。一方面，牛顿设计的那个著名的“水桶实验”无法证明绝对运动是存在的。另一方面，现有的物理学定律，事实上不需要这样一个绝对的参照物。因此，所谓的时间和空间都是相对于某个具体的参照物而言的，没有人知道绝对的时间长河在哪里，也没有人知道绝对不动的空间容器在哪儿。它们无法通过一个具体的经验事实来进行检测，因而都是毫无根据的形而上学概念，“既无实践价值，也无科学价值”。[①] 马赫非常正确地指出，绝对时间和绝对空间竟然被人们认为是物理学的基石，是相当令人奇怪

① 马赫：《力学及其发展的批判历史概论》，第276页。

的，因为没有任何一个物理学的基本定律需要用到这两个完全是想象出来的东西。由此，马赫强调，只有能够观测到的物理量在物理学理论中才是有意义的。这个观点后来又被人们称为"可观测原则"，对物理学和哲学的发展都有极深的影响。

《力学批判》在20年里光是德文版就出了7个，它的论述或许很难打动那些业已具有成熟思想的老一代科学家，但对像爱因斯坦这样的年轻一代却充满了吸引力。爱因斯坦在给马赫的悼词中用极富感情色彩的比喻说，他们这代人，即使是其中那些强烈反对马赫的，也是吮吸着他的思想乳汁长大的。从他创立相对论的过程来看，这的确并非客套的恭维之语。

因为受到马赫上述思想的影响，爱因斯坦轻易地摆脱了人们奉为圭臬的绝对时空观的束缚。发表于1905年6月的《论动体的电动力学》是他有关相对论的系列论文的揭幕之作，这篇经典文献正是从对绝对时空观的批判性思考开始的。

在19世纪末，由麦克斯韦建立起来的经典电磁理论中，光速是一个极其重要的常量。人们通常把这个常量理解为光相对于绝对静止的空间的速度。然而，爱因斯坦说既然找不到那个绝对的空间，上述理解就是没有意义的。与其假设这个常量是光相对于那个最特别的参照系（因为只有它才是绝对静止的）的速度，不如假设光相对于任何参照系的速度都是一样的。这就是著名的光速不变原理。

其次，爱因斯坦分析了"同时性"的意义。他认为，由于相信存在一种均匀流逝的绝对时间，人们在同时性问题上产生了认识的误区。这个误区就是，一个参照系中同时发生的事情，在另一个参照系中也是同时的。绝对的时间就好比一个超级手表，不同参照系中的人们都能看到它，并且依据这个手表的指针来记录时间。问题是，这个超级手表并不存在，人们在生活中对时间的判断是通过实际的测量来进行的，而测量需要依赖于信号的传输，没有一种已知的信号传输的速度是无限大的，因此绝对的同时性在不同的参照系中是不存在的。

假设每天早上6点，北京和乌鲁木齐两个地方都会举行升国旗的仪式，在地球上的人们都会认为这是同时发生的。但是地球外一艘与地球存在相对运动的飞船上的观察者却不会这么认为。他们在接收到北京升旗的信号后记录下一个时刻，在接收到乌鲁木齐的升旗信号后记录下另一个时刻，这两个时刻定然不会一样。道理很简单，因为信号从北京到飞船传输的距离，与从乌鲁木齐到飞船传输的距离不同。也就是说，地球上认为同时发生的事情，飞船上的人却认为是有先后的。

在抛弃绝对时空观的基础上，爱因斯坦建立起了狭义相对论，并在之后花了10年左右的时间把它拓展为了广义相对论。相对论把人们带入了一个奇异的新世界。按照这个理论，时间、空间、物体的质量是相互关联的，而不是彼此独立的，它们之间的关系依赖于物体的运动状态。举个例子，有一辆相对于地面高速运动的列车，上面的一个乘客观察到自己乘坐的列车里的一只钟运行了1小时，自己中午吃下了1千克的食物，随身携带的行李箱有1米长；假如地面上另一个人一直在对这个乘客进行持续观察，他得到的事实会与这个乘客观察到的完全不同，他发现列车里的钟走的时间比1小时长，乘客吃下的东西比1千克重，乘客的行李箱比1米短。当然，在现实生活中，列车运行的速度远远低于光速，这种效应可以忽略不计。爱因斯坦还进一步指出，物体的质量也会给周围的空间和时间带来影响，它会使得空间弯曲和时间变慢。所谓空间弯曲，用形象的说法就是沿直线传播的光线，在经过大质量的天体时，受其引力影响传播路径会发生弯曲。这些结论，与人们习惯的牛顿的世界可谓天差地别。

如果说相对论的创立主要是爱因斯坦单枪匹马的杰作，量子力学则是一群天才物理学家共同努力的结晶。“量子”这个概念起初是为了解决黑体辐射问题提出来的，后来成了人们研究微观世界的有力工具。1900年，普朗克为了解决黑体辐射理论计算与实验结果之间的严重不符，在公式推导的时候引入了一个他称之为“能量子”的东西。能量子既是波同时又是粒子，这在经典物理学的范畴内是无法理解的。因为所谓的波是在空间中向四周延展、连续的东西，而所谓的粒子则是在空间中收缩为一点的、间断的东西，所以按照经典物理学，一种物质不可能聚波和粒子两种属性于一身。普朗克没打算把能量子作为物理实在来看待，而只是把它当作一种纯粹的数学工具。但年轻的爱因斯坦却不受传统观点的约束，他认为光就是一种波和粒子的结合体，并用这个结论对光电效应进行了说明，结果大获成功。之后，玻尔用量子理论解释了原子的结构问题，德布罗意则把波粒二象性推广到了所有的物质上，量子理论初步建立了起来。

不过，这时的量子理论仍然保留着浓厚的经典物理学的特点，比如在玻尔的原子理论中，原子是有一定半径的，原子核外的电子就在半径内的特定轨道上飞速旋转，整个原子在模型上类似于太阳系的结构。这使得量子理论的解释能力受到很大局限。1925年，海森伯的《量子理论对运动学和力学关系的新解释》揭开了量子理论的新篇章。海森伯强调，像电子的位置和旋转周期等这些概念是观察不到的，对微观粒子的运动，人们能观测的只是它们发射的电磁波信号的频率、振幅、强度等，因此前者是不应该出现在物理学理论中的，物理学的理论应该建立在后者的基础之上。不难看出，海森伯的这个观点具有浓厚的马赫色彩。在海森伯建立起来的新的量子力学中，微观世界的运行与人们熟悉的宏观世界全然不同。在宏观世界，按照经典物理学的描述，事物之间的关系是严格决定性的，而在微观世界，粒子的行为从根本上说是概率性的、非决定性的。在经典物理学中，确定某个物体的运动状态需要知道它在某个时刻的位置和速度，但在量子世界中，人们却不能做到这一点。海森伯的不确定性原理认为，如果人们想知晓某个时刻某个粒子的确切速度，那么它的位置就无法确定，反过来说，如果人们精确测定了它的位置，它的速度就是无法确定的。

尽管在100多年来层出不穷的新奇发明和新颖观点的洗礼下，20世纪早期的人们的心理已经有了很强的承受能力，但相对论和量子力学带来的震撼仍然超过了限度。马赫和普朗克是这两个理论的引路人，但他们对新理论都不约而同地表现出了“叶公好龙”式的心态，这很能说明问题。马赫对绝对时空观进行了深刻的先导性批评，但当爱因斯坦把相对论的世界展现在他面前的时候，他却退缩了。也许在他心目中，一个有缺陷但确定的牛顿的世界是能够容忍的，而一个看上去很完美但时空完全混乱的爱因斯坦的世界是无法接受的。普朗克在物理学中引入了量子，但他对量子力学的抵制却持续了20多年。在他看来，把两种从根本上说就是矛盾的东西结合在一起是不可理喻的。

马赫对相对论的抵制在科学家中是富有代表性的，爱因斯坦从未因它获得诺贝尔奖就是明证。到20世纪20年代，爱因斯坦的名声已经如日中天，如果他没有获奖不是他的尴尬，而是诺贝尔奖评审机构的尴尬了。1921年，支持爱因斯坦获奖的势力和相反的一方在诺贝尔奖评审过程中，展开了一场势均力敌的博弈，结果当年的物理学奖出现了空缺。第二年，正方改变了策略，在评审报告中只字不提相对论，而是力推爱因斯坦对光电效应进行的理论解释，这一下没有人提出异议，爱因斯坦获得了1921年的诺贝尔物理学奖。（诺贝尔奖的规则允许填补上年空缺的奖项，1922年诺贝尔物理学奖获得者是玻尔。）有趣的是，诺贝尔奖委员会在通知他获奖的消息时，还特地提醒不要在颁奖仪式上例行的演讲中提及相对论。

普朗克对量子理论首鼠两端的心态也非常普遍。爱因斯坦也有类似的情况，不过他纠结的不是量子概念，而是海森伯等人建立起来的新量子力学以及它对于这个世界的解释。爱因斯坦有一句著名的话：“上帝不会掷骰子。”这句话就是针对新量子力学的概率解释说的。正如马赫拒绝接受一个时空错乱的世界一样，爱因斯坦拒绝接受一个随机和偶然的世界。在爱因斯坦看来，量子世界的不确定性不是它本身如此，而是人们的认识还不充分。如果有一天人们的认识完备了，那么人们就能像在经典物理学中那样，能够同时确定粒子的位置和速度。玻尔等人则持有相反的观点，他们认为不确定性就是微观世界粒子运动的本性，粒子的位置和速度本身就不可能同时精确地确定。这导致了爱因斯坦和玻尔及各自的追随者之间旷日持久的争论。从目前的物理学进展来看，爱因斯坦处于下风。

如果连一流的科学家面对一个他们建造出来的新世界都充满踌躇，那么我们就不能指望普通人会有更好的表现。18世纪，英国桂冠诗人蒲柏在给牛顿的墓志铭中写道：

自然及自然律隐没于黑暗之中，

上帝说：让牛顿去吧，

于是一切皆成光明！

1926年，一个当代英国诗人给这首诗续上了一个尾巴：

好景不长，

魔鬼咆哮道：让爱因斯坦去吧，

于是一切重归黑暗！

用时下流行的话来说，这是一种恶搞，不过却也相当形象地反映出20世纪初期人们精神世界中的某种幻灭感。正如上一章中提到的，同样的幻灭感，300多年前就已经出现过了。很多时候，幻灭也是新生的开始，20世纪众多思想都能从这种幻灭当中找到源头。

20世纪初兴起的逻辑经验主义便是其中之一。人们曾经如此坚定地相信以牛顿体系为代表的科学知识是最接近真实的描述，然而，相对论和量子力学的最新进展却告诉大家，世界并非那一套理论描述的样子。那么，人们获得的据说是对真实世界的真实反映的科学知识究竟是什么东西？牛顿是错的，爱因斯坦就是对的吗？真实的世界是什么样的呢？科学知识在何种意义上是对真实世界的描述？如果它是对真实世界的描述，如何能够证明这一点？如果它不是对真实世界的描述，人们又有什么理由相信它？科学知识的基础是什么？人们对它的辩护能达到什么样的程度？只有当人们开始思考这些问题时，休谟100多年前的论述，才不会被当成诡辩家的无病呻吟。用罗素的话来说，在一个“即使那些发明理论的人在科学上也只是把理论看作一种暂时的权宜手段”① 的时代里，哲学领域发生一些变革乃是顺理成章的。

2. 拒斥形而上学

诚如拉卡托斯后来说的那样，牛顿理论的垮台，让人们意识到把科学当成真理的想法只不过是乌托邦。世纪之交的科学革命为人们重新思考知识的本性提供了一个契机。正像16、17世纪的科学革命为近代哲学家提供了清算经院哲学（神学）的催化剂一样，相对论和量子力学的出现，为20世纪的哲学家清算形而上学提供了合适的温床。从一开始，逻辑经验主义便显示出一种与传统哲学格格不入的另类形象，它试图把哲学带离2000多年来人们为其划定的圈子，重新确定哲学的地位和任务。无论从哪个角度看，逻辑经验主义者都是休谟在20世纪的门徒。一方面，他们继承了休谟强硬的经验主义立场，并继续推进休谟的工作，试图彻底清算古典和现代的各种形而上学，将它们送进哲学史的博物馆；另一方面，他们准备收拾休谟留下的残局，为科学知识寻找新的根基，告诉人们科学知识是一种什么样的知识，或者说有什么理由接受不是真理的科学知识。这两个方

① 罗素：《我们关于外间世界的知识》，陈启伟译，上海译文出版社2006年第1版，第21页。

面紧密缠绕在一起，难舍难分。

“拒斥形而上学”是逻辑经验主义最具标志性的一杆大旗，大概也是参与这一思想运动的哲学家们唯一没有根本性分歧的共识，他们当中有代表性的人物几乎都曾经或多或少地讨论过它。不过，如果仅仅把“拒斥形而上学”作为逻辑经验主义某种流于形式或者无足轻重的口号来看待，而不把它当成贯穿于整个逻辑经验主义的精神内核和指导原则来考察，我们将很难把这一思潮当中那些五花八门的主张看成一个有着紧密联系的有机整体。

从字面上看，所谓“拒斥形而上学”没有什么晦涩之处，它的意思就是要将形而上学从人类的知识体系中驱除出去。然而，要真正理解它，需要我们仔细思考如下两个问题：第一个是逻辑经验主义者“为什么要拒斥形而上学”；第二个是他们“怎么样拒斥形而上学”。相对来说，第二个问题更容易回答，因为逻辑经验主义者留下来的众多有关文献主要讨论的就是它。第一个则要困难许多，一方面也许在逻辑经验主义者看来，这个问题是众所周知的，无须过多地去论说它；另一方面，如果不留意的话，他们的论述有时候会误导人们去得出似是而非的答案。比如，说起拒斥形而上学，人们都会想到卡尔纳普的《通过语言的逻辑分析清除形而上学》。粗看这篇文献，人们最可能得出的结论是：逻辑经验主义者之所以要拒斥形而上学是因为它们没有意义，清除它们将使得人类的认识更加健康和有效率。这貌似是对“为什么”的回答，但实际上并非如此。略一推敲，我们就能发现，上述文献中的“意义理论”是用来批判形而上学的武器，它回答的仍然是“怎么样”的问题，而不是“为什么”的问题。

正像卡尔纳普说的那样，拒斥形而上学并非逻辑经验主义的专利，这在西方哲学传统中甚至可以追溯到古希腊的怀疑论者。休谟虽然没有明确地说去反对形而上学，但他的结论是不言而喻的。19世纪晚期的实证主义者像孔德、马赫等人也非常清楚地表达过类似的立场。把他们的思想与逻辑经验主义的思想进行比较，能够让我们更清晰地认识后者反对形而上学的动机。

孔德把人类精神世界的演化分为神学、形而上学和实证三个阶段，不仅社会整体的历史发展循此方式，个人的成长也一样。（弗雷泽的文明三阶段论显然从中获益匪浅。）人类生活的早期，心智尚不成熟，对外界和自身的理解处于一种混沌状态。这时候的人们很容易推己及物，把自然理解为像自身的身体受心灵的操控一样，也是受某种超自然的力量操控的。神学思想就是在这样的情况下产生的，它试图去理解和把握那些超自然的力量。在这一阶段，人类的认识有一个奇怪的悖论：它明明简单的问题都还回答不了，却偏偏想要去寻找终极的东西。孔德说：

> 人类智慧就在那连最简单的科学问题都尚未能解决的时代，便贪婪地、近乎偏执地去探求万物的本源，探索引起其注意的各种现象产生的基本原因（始因与终因）以及这些现象产生的基本方式，一句话，就是探求绝对的知识。[①]

继而，孔德认为形而上学是神学瓦解和崩溃过程中的产物，在本质上与神学没什么区别，是一种“软弱无力”的神学。它仍然以追求万物的终极奥义为己任，仍然以探求绝对确定的知识为目标。形而上学与神学的唯一区别是不以超自然的权威为核心，而代之以实体或者人格化的抽象物。

因此，不管是神学还是形而上学在知识上不切实际的追求都将会让人坠入空洞和虚妄之中。最终，在

① 孔德：《论实证精神》，黄建华译，译林出版社2014年7月第1版，第2页。

实证哲学阶段，人们会彻底抛弃绝对知识，将注意力集中到实践领域，通过观察去获得对自然规律和秩序的理解。在这个阶段，准确的预测将取代神学和形而上学虚无缥缈的断言，成为人类生活真正的依靠。哈雷彗星、天王星和海王星的发现显然给孔德留下了深刻的印象，他将天文学视为所有实证知识的典范。

虽然生活在19世纪，但孔德却是18世纪启蒙运动精神上的直系后代，他的言说和行动的目标是利用最新发展起来的科学知识，改善人们（特别是那些生活于底层的人们）的境遇服务。孔德希望通过教育和科学普及，让人们能够掌握真正的知识，去思考有价值的问题并解决它们。清除形而上学乃是为了让人们的头脑中能给新知识留下地盘，而非为了知识本身更清晰。他宣扬实证哲学，抵制形而上学的主旨，与中国人熟悉的“弘扬科学精神，破除封建迷信”有异曲同工之处。

孔德的观点——形而上学会导致混乱和谬误，看上去与休谟很相似，但仅此而已。这个观点在孔德那里是开端，而在休谟那里是结论。休谟告诉人们的是人的经验无法提供形而上学想要的真理，而孔德想回答的问题是，在经验范围之内，人能够得到什么样的知识？两人的风格迥异，休谟是一个哲学家，他的论证细腻而且严密；而孔德毋宁说是一个科学普及者，他几乎没有什么论证，只有结论式的断言。孔德显然不赞同休谟式的经验主义，在他看来，这种东西与神秘主义对知识的危害可以相提并论，因为它会让人在知识上无所作为，同样坠入空洞和虚妄之中。孔德虽然认为人们能够从经验中获得可靠的实证知识，但它没有对这种知识的性质和合理性进行讨论的打算。他反对形而上学的理由是实践上的，而非理论上的。从后续影响来说，孔德的思想与逻辑经验主义不在一个频道上，倒是与杜威式的实用主义多有契合之处。顶多我们可以说，孔德用一种独断论的方式提出了逻辑经验主义者想要解决的问题。

马赫的思想，我们刚刚已经有所介绍。不难看出，他的身上有比较浓厚的休谟的气息。作为科学家，马赫关心的是科学知识的明晰性、连贯性和精确性。在他看来，形而上学的物理学概念之所以不能接受，在于无法通过测量给它们赋予一个准确的含义，因而它们只是物理学进化过程中伴生的无用冗余。因此，他反对形而上学的理由是理论上的，而不是实践上的。一定程度上，马赫开始尝试在经验的基础上为知识的合理性进行辩护，但是在知识的绝对确定性和普遍性上，他的态度模棱两可。马赫的思想是休谟和逻辑经验主义之间的中介，并且也对后者产生了直接的影响，马赫对物理学基本概念的批判，为逻辑经验主义清除形而上学提供了一个教科书式的范例。逻辑经验主义者中有一派被人称为“操作主义”，可以说继承了马赫可观测原则的衣钵。

赖欣巴哈是逻辑经验主义的主将之一，他的《科学哲学的兴起》在帮助人们理解逻辑经验主义方面具有的价值，并没有得到足够的重视。与其他同类作品一贯干涩枯燥的文风比起来，这部作品算得上生动流畅，集深刻与简洁于一身。它清晰地阐明了逻辑经验主义反对形而上学的真意。首先，赖欣巴哈对形而上学的历史和谬误进行了回顾，他的出发点是孔德式的，但论证的过程却是休谟式的。他认为形而上学对绝对普遍性和确定性的追求会把人引向认识的歧途(这来自孔德)，其中的原因在于它设定的认识对象无法通过人的经验去把握，它提出的问题超出了人们的能力范围(这来自休谟)。

其次，赖欣巴哈指出，一种新的哲学观念伴随着近代科学的飞速进步而逐渐发展起来。他沿袭卡尔纳普等人的叫法，把这种异军突起的哲学称为“科学的哲学”。新哲学不是出自哲学著作，而是从科学著作中的前言后语而来。它是从事科学工作的人们对自己的研究方法、研究领域和研究成果的哲学思考。其中充满着新鲜活跃的气息，与暮气沉沉的形而上学有着鲜明的对比。新哲学与形而上学的最大不同，就在于后者“要的是绝对的确定性”，而前者则“拒绝承认任何关于物理世界的知识是绝对确定的”。[1]科学家们不再把注意力放在事物的终极因上,而是着力于现象的观察和实际问题的解决。不难看出,牛顿的世界被相对论和量子力学的世界所取代,让赖欣巴哈有勇气堂而皇之地说出这个结论。

一旦不再纠结于绝对的确定性,人们便会对迄今在经验领域取得的知识成就感到满意,因为它们也许不是真理,但却是人在实践中能够找到的最好的行动指南。既然人们已经做到了他们能做到的最好地步,那还有什么理由不感到心满意足呢?卸下了形而上学包袱的赖欣巴哈意气风发地说道:

现代哲学家所勾画出来的科学方法图景与传统的各种见解大为不同。按照严格规则而进行的一个理想的宇宙,像一个开足发条而走动的钟那样开足发条而按部就班走动下去的一个理想的宇宙是一去不复返了。一个知道绝对真理的理想的科学家是一去不复返了。自然中的事件与其说像运行着的星体,不如说像滚动着的骰子;这些事件为概率所控制,而不是为因果性所控制,科学家与其说像先知,不如说像是赌博者。他只能告诉你他的最好的假定,他绝对不能事先知道这些假定是否将是真的。然而,他比起绿呢赌桌前的人来说是较为高明的赌徒,因为他的统计方法是较为高明的。他对他的目标所押的赌注也是较高的——预言宇宙的骰子的翻滚这样一个目标。如果有人问他,他为什么采用他的方法,他有什么资格作出预言,他不能回答说他对于

① 赖欣巴哈:《科学哲学的兴起》,伯尼译,商务印书馆1983年第2版,第235页。

未来有不可驳难的知识;他只能进行把握最大的赌博。但是他可以证明,这些赌博是把握最大的赌博,他这样赌是他所能采取的最好的办法——如果一个人采取了最好的办法,那你还有什么可以要求他的呢? [①]

所以,只要能够心安理得地接受一个虽然是或然的但绝不会是最差的未来,那么一个虽然完美但永不会实现的乌托邦就不值得等待;只要哲学不把追求绝对知识的锁链套在自己的脖子上,休谟的怀疑主义就不会变成致命的绞索。既然绝对的知识是人力所不能及的,为什么还非要把自己硬生生塞进这个套子中呢?“明知山有虎偏向虎山行”很多时候只是在自虐,而不是什么值得嘉许的勇气。如果有人喜欢自虐,看见坑还要往里跳,那也只能由得他去了。在赖欣巴哈看来,休谟挖出的大坑是留给形而上学的,新的哲学在抛弃对确定性的迷恋之后,前方即便说不上是一片坦途,但再不会有深不见底的深渊。

因此,在毫不犹豫地宣告抛弃绝对真理之后,赖欣巴哈同时还自信地认为,这样做并不意味着科学的哲学家们准备做一个像休谟那样的逃兵。后者在留下一地鸡毛、高深莫测地发了几声感慨之后,跑去跟朋友吃饭喝酒玩跳棋,而前者却会尽力去帮助科学家们找到恰当的程序和方法,以发现真理在现实中最好或者说最合理的替代品。总起来说,赖欣巴哈的意思是,在新哲学中知识论的核心问题不再是知识的真理性问题了,而变成了知识的合理性问题。扔掉一个原本就不应该存在的

① 赖欣巴哈:《科学哲学的兴起》,第192页。

包袱，实现华丽的转身，从而不露痕迹地与休谟的怀疑主义轻轻说再见，这才是逻辑经验主义拒斥形而上学的真谛。维特根斯坦那句微妙的名句——“凡是可以说的东西都可以说得清楚；对于不能谈论的东西必须保持沉默”[①]，表达的是和赖欣巴哈同样的意思：既然真理是人所不及的，就干脆不要去谈论它。

解决了“为什么”的问题，我们接下来看看“怎么样”的问题。“逻辑经验主义”之所以叫这个名字，而不是别的什么主义，当然是因为它有“逻辑”和“经验”这两大支柱。这两大支柱同时也是它用来清除形而上学的终极武器。其中的“经验”很好理解，大致就是休谟的经验主义立场，“逻辑”的意思则需要从两个方面来加以考察。首先，这里的“逻辑”是指一种具体的逻辑研究技术，当然不是亚里士多德《工具论》中的形式逻辑，也不是培根《新工具》里简单的归纳逻辑，而是在19世纪晚期发展起来的数理逻辑。罗素是数理逻辑的奠基人之一，他机敏地注意到，这个原本只是数学当中的一个分支的东西，同时也是研究哲学问题的有力工具。其次，这里的“逻辑”还意味着一种对哲学本性的全新理解，也就是罗素在《我们关于外间世界的知识》一书中提出的“逻辑是哲学的本质”的著名论断。这是对古希腊以来人们对哲学本性定位的一个反叛。因为亚里士多德明确把逻辑定义为哲学研究的工具，而不是哲学知识本身，而罗素的论断则把哲学的本性归为逻辑，哲学的研究对象就是逻辑，哲学的知识也就是关于逻辑的知识，除此之外别无

① 维特根斯坦：《逻辑哲学论》，贺绍甲译，商务印书馆1996年第1版，第24页。

所有。

罗素说，在古典哲学传统中，逻辑被人们视为防火墙，它把那些不可靠的经验因素隔绝于知识体系之外，建造出一个安全和秩序井然的理想世界。因此哲学家们宁愿整天把各种繁复、含混、不可理解的概念和论证摆弄来摆弄去，也不愿意打开心灵的门户去接纳和理解流变的经验世界。长此下来，人们被形而上学中那一套精致的体系折腾得五迷三道，想走出其门也不可得。幸而，数理逻辑的最新进展让人们对命题的表达形式、事物的属性和关系等方面有了更加深刻的理解，从而能够有能力去分辨古典哲学中存在的诸多错误。

所以，罗素呼吁，逻辑不应该成为哲学家用来阻挡一切他们认为的洪水猛兽的盾牌，而应该是能够不断吸纳新现象、新事实的海绵。"逻辑是哲学的本质"的意思就是，哲学的研究对象不是知识本身，而是正确表达知识的形式。相应地，哲学的职责也不是为人们提供一个真实的世界图景或者绝对无误的真理体系，而是帮助人们知道"哪些问题有可能解决，哪些问题是超乎人类能力，必须抛弃的"[①]。至于说世界是什么样的，那些能够解决的问题应该怎么解决，这是科学家而非哲学家的事情。

罗素在《我们关于外间世界的知识》中阐述的逻辑原子论在后来遭到了猛烈批评，但是他关于哲学的本质是逻辑的观点，在维特根斯坦、石里克、卡尔纳普、赖欣巴哈、艾耶尔等一大群追随者之中得到了热烈响应。在

① 罗素：《我们关于外间世界的知识》，第45页。

他们那里,这带来了两个后果。其一是传统的形而上学命题在哲学中没有任何地位,哲学只关注语言的逻辑结构,给出判定一个命题真假的逻辑标准,这也就是人们通常说的"哲学的语言学转向"所指的意思。其二是哲学和自然科学的彻底分离,这倒不是说哲学与科学没有关系或者哲学对科学来说是没有用的,而是哲学不再致力于提供第一原理,也不再试图对世界给出一个总体的解释,哲学有自己的目标,它与自然科学的目标并不一致。维特根斯坦说"哲学不是自然科学之一",它的目的是"从逻辑上澄清思想"[①],石里克说"哲学使命题得到澄清,科学使命题得到证实"[②],说的都是这个意思。认清哲学的本质是逻辑,建立一门全新的科学的哲学,在罗素的眼中,其对哲学的意义不亚于伽利略的方法论对近代物理学的意义。对此石里克毫不犹豫地表示了赞同,他踌躇满志地宣布说,新的哲学思想将终结一切旧形而上学中毫无意义的争论。

卡尔纳普在《通过语言的逻辑分析清除形而上学》中,把石里克的豪言壮语转化成了实际行动。在论述怎样拒斥形而上学的问题上,它具有无可比拟的系统性和代表性。通过经验和逻辑这两大武器,他认定形而上学的全部陈述在认识论上都是毫无意义的,因此也应该完全被抛弃。卡尔纳普有信心做到这一点,正是因为"近几十年逻辑的发展给我们提供了足够锐利的武器"[③]。

卡尔纳普是从"词的意义"开始他对形而上学的清算的。坦率地说,他在这个问题上除了表述更细密之

① 维特根斯坦:《逻辑哲学论》,第48页。

② 石里克:《哲学的转变》。洪谦主编:《逻辑经验主义(上)》,商务印书馆1982年第1版,第9页。

③ 卡尔纳普:《通过语言的逻辑分析清除形而上学》。洪谦主编:《逻辑经验主义(上)》,第14页。

外，没有说出比休谟更多的东西。当然，不仅是卡尔纳普，其他所有逻辑经验主义者也都如此。他的意思是，一个词，如果不能由某个相应的程序赋予它准确的经验含义，它就不能成为认识的对象，人们也就无法认识和理解它。形而上学的陈述大都包含着这种没有意义的词，诸如“本源”“本体”“物自体”“绝对精神”“客观精神”“理念”等，人们总是按照自己的想象把自己想要的意思加之于这些词之上，而人们的想象是任意的，彼此之间完全无法达成共识。因此，形而上学的陈述除了引起无休止的争论之外，无法给人们带来任何有效的真知识。

形而上学除了经常使用没有经验意义的词带来混乱之外，也因为使用了各种各样的“假陈述”而给人们的思想带来了更多的困扰。“假陈述”不是说一个句子表达的意思是错的，而是指这个句子的表达方式是错的，它根本就不是一个真正的陈述形式。假陈述有两种，第一种是直接违反语法规则的句子，它们很容易被辨认出来。例如“飞机是并”就是一个明显的假陈述，因为系词“是”与连词“并”不能连起来使用。第二种虽然不违反语法规则，但它试图把几种不同类型的词连接起来，从而使得这个句子不能表达任何意义。例如“飞机是质数”这个句子，它符合语法规则，但“飞机”和“质数”是不同的类型，归属于不同集合，因此这个句子就是一个什么也没有说的假陈述。卡尔纳普指出，过往的形而上学中充斥着大量的第二种假陈述，在自然语言中，人们并不能发现这种假陈述的错误性质，往往很容易被它们忽悠。通过辨析黑格尔的一段话，以及笛卡儿的“我思故我在”，卡尔纳普意在表明，在当下只要足够细心，人们就能让形而上学中所有的假陈述无所遁形。

在使用经验和逻辑这两个强有力的工具对形而上学进行扫荡之后，卡尔纳普志得意满地声称获得了三个战略性成果。其一，打击了像笛卡儿和黑格尔那样主张无需经验单凭纯粹思维就能发现知识的哲学家；其二，打击了像康德那样认为通过经验能够得出超越于经验之外的知识的哲学家；其三，打击了像穆勒那样试图把归纳法建立在自然一致性原理基础上的实在论者。他总结说：

> 如果无论什么陈述，只要它有所断言，就具有经验性质，就属于事实科学，那么留给哲学的还有什么呢？留下来的不是陈述，也不是理论，也不是体系，而只是一种方法：逻辑分析法。上面的讨论说明了这种方法的消极运用：在那方面，它用以清除无意义的词、无意义的假陈述。在积极的应用方面，它用以澄清有意义的概念和命题，为事实科学和数学奠定逻辑基础。在目前的历史条件下，这种方法的消极运用是必须的、重要的。但是即使在当前的实践中，积极的应用更富有成果。在此我们不能作更详尽的讨论。逻辑分析的明确任务就是探讨逻辑基础，与形而上学对立的“科学哲学”指的就是这个。[①]

综合逻辑经验主义者为什么和怎么样反对形而上学两个方面来看，他们对知识本性的反思带来了三个结果。首先，他们建立起了一种“科学的哲学”，用以替代传统的形而上学，新的哲学只关心逻辑运算的普遍规则，而不插足具体的科学研究。其次，他们认为科学知识不是真理的集合，甚至也不是关于某种外部实在的真实描述，而只是人的感觉经验的归纳和提炼。最后，他们拒绝接受休谟的虚无主义，这会在倒洗澡水的时候把澡盆里的婴儿一起倒掉，所以他们认为在经验范围内，对科学知识进行既有效又有限度的辩护是可能的。相比康德之类试图直接去填坑的人来说，逻辑经验主义者

① 卡尔纳普：《通过语言的逻辑分析清除形而上学》。洪谦主编：《逻辑经验主义（上）》，第32页。

对形而上学的拒斥看上去是很明智，上述三个结果使他们面临的困难似乎变得少了许多。

要详细讨论逻辑经验主义拒斥形而上学带来的影响是一个无法完成的任务，它需要好几本书来讲不同的故事。这里简单谈谈其中一个方面。如果说近代自然科学的胜利将神从宇宙之中放逐出去，完成了人类精神世界的第一次“祛魅”，那么逻辑经验主义将形而上学从自然科学知识之中剥离，则完成了人类精神世界的第二次“祛魅”。一直以来，人对自然的理解都不是纯粹认识论意义上的，古今中外任何文明社会的宇宙观之中都倾注了不同的人们的爱与恨、价值观和对未来的某些憧憬。就像医生清理病人的创口一样，逻辑经验主义试图把这些它认为无用的附加物，从认识中清理干净。对形而上学的批判当然可以帮助人们意识到，很多对自然的预设性前提是没有依据的，它们会对人们的认识造成很大的障碍，比如说古希腊人对圆周运动的迷恋，比如说近代人们对绝对时空观的确信，比如说相信万物都是一个无所不能的上帝创造的，等等。

但是，这些形而上学的元素对科学的成长只是纯粹的障碍吗？显然不，我们在上一章的“形而上学与自然科学”一节中已经初步讨论过这个问题，下一章当中我们还能看到在逻辑经验主义盛行的时代，其实已经有人对这个问题进行了相当充分和有深度的思考。即使在逻辑经验主义者中，也有对形而上学抱有同情态度的人，比如波普尔。他虽然同样认为真理不可获知，但认为形而上学对科学有非常正面的意义。他讥笑卡尔纳普那样的人是在用“谩骂”来消灭形而上学。

即便这一点姑且不论，当拒斥形而上学从一种合理的行动变成绝对的教条后，当它把科学知识同那些形而上学的元素强行剥离开来后，科学就与一个意义世界完全脱离了，变成了孤悬在半空中的一具由各种零碎的经验构成的空壳。我们今天教科书中的科学知识就是这样的空壳，“有用”几乎成了它唯一能为自己辩护的理由。也许在很多人看来，这样一个理由就足够了，但在我看来，

当“因为科学是真的，所以它才有用”这句话被颠倒过来，变成“因为科学是有用的，所以它才是真的”之后，无论如何都不是一件值得高兴的事情。也许有人能做一个赢面最大的赌徒就已经心满意足了，但总有些人不喜欢碰运气，他们希望能看到赌桌上所有的底牌。布劳德曾经说，归纳法的成功是自然科学的胜利，却是哲学的耻辱。我倒是觉得，如果只剩下归纳法的话，既说不上自然科学的胜利，也不仅仅是哲学的耻辱。

石里克有一个比喻，说哲学是自然科学的“女王”。不知道他用这个比喻是纯属偶然，还是心目中闪现过中世纪神哲学巨擘——阿奎那——的那句著名论断：“哲学是神学的婢女”。公允地说，按照逻辑经验主义者对新哲学的理解，我觉得阿奎那的比喻更准确，只不过它的新主人换成了自然科学。

3. 客观事实

以放弃人类心灵最为崇高的理想为代价，逻辑经验主义者把知识的真理性问题成功转化成了知识的合理性问题。他们乐观地认为，虽然科学知识未必是真理，但人们仍然有充分的理由接受它。科学知识在人类知识体系中具有独特和优先的地位，并不因为它的真理性未能得到保障而有所改变。相对人类的其他知识而言，科学知识在方法上是规范的，在实践中是能够验证的，在理论上是清晰明确的，它在不断扩大对人类经验的解释的过程中稳健地前进，因此完全可以认为它是对真理的某种逼近。不过，逻辑经验主义者低估了为此辩护的难度。人们一旦迈出向后退缩的一步，就不可避免地迈出第二步，最终回过头一看，原来自己走出的每一步都不是在缩短而是在拉远与初始目标的距离。

因为关注科学知识的规范性和合理性，逻辑经验主义又被人们正确地称呼为“正统的科学哲学”。大致来说它试图回答如下几个问题。

第一，如何确定一个科学理论是有意义的。科学知识通常都是全称陈述，而且其中往往包含着无法直接观测的名词，譬如说现代物理学中的“电子”就不是人能够通过感官直接观察到的。那么问题就是人们如何能把它们与形而上学的全称命题和实体概念区别开来呢？这个问题可以进一步扩大为“划界问题”，也就是科学知识与人类其他的知识是否存在一条明晰的界线。

第二，如何评价和检验一个理论。科学发展的过程中总是充满各种争论，有些理论被人们接受，有些理论直接被人们抛弃，有些理论流行一时后终归被视为错误，这其中的关键是什么？存不存在一套普遍适用的规范来解释这个问题？

第三，科学理论的结构如何。一个完整的理论体系包含若干全称陈述的定律，就像牛顿的力学体系就是由三个基本的运动定律以及一系列推论构成的，那么这些定律的地位完全相同吗？这些定律彼此之间的关系以及它们与经验事实的关系是什么？

第四，科学说明及科学预测的实质和模式是什么。所谓科学说明就是用科学的理论去解释已知的经验事实，科学预测就是用科学理论来发现未知的经验事实。二者只是相似还是实质等同？它们在形式和程度上有什么要求？

由于我们的目的不是写一部完整的科学哲学史，所以这里并不准备对这几个问题进行逐一的考察，而仅仅把着眼点放在第二个问题上。

认为存在一种超越个体的、客观的、中立的、其正确与否都与任何理论无关的经验事实，是逻辑经验主义对科学知识进行合理性辩护的理论前提。这显然是与它对形而上学的拒斥相一致的。而且，如果不坚持这一点，科学知识就将变成像幻觉一样纯粹的心理现象，或者某种类似于意识形态的社会文化现象，从而失去客观性的基础。对此，石里克说：

原始经验是绝对中立的，或者像维特根斯坦偶尔提到的那样，直接感觉材料是“没有所有者的”。因为真正的实证主义者（以及马赫等人）否认原始经验“具有用‘第一人称’这个形容词来表示的、作为一切特定经验的特征的那种性质或状态”，所以他们不可能感到“自我中心的困境”的严重，因为对他们来说，这个困境是不存在的。在我看来,看到原始经验不是第一人称的经验,这是一个最重要的步骤,采取这个步骤,才能使哲学上的许多最深奥的问题得到澄清。[①]

客观中立的经验事实既是判断一个理论是否为科学知识的依据,也是检验和评价科学理论的基础。不同的人对这种经验事实的称呼不同,像“记录句子”“基础陈述”“原始观察”“观察语句”这些概念的意思都是对它的指代,其意义也都大同小异。客观的经验事实必须由恰当的语言来描述,其中不能出现任何主体性的因素。比如说“我看见了一只白天鹅”就不是一个客观事实记录,规范的客观事实记录应该是“某时某地有一只白天鹅出现”。搞笑的是,在汉森无可辩驳地指出中性观察不存在之前,逻辑经验主义者关于这个问题无休止的讨论实际上已经成了一种按照他们的观点来说应该拒斥的形而上学。

有了上述理论前提,判断一个理论是不是有意义的科学知识就有了标准。如果一个理论中所有的词,都能直接或者按照某个程序与客观中性的观察联系起来,那么这个理论就是一个科学的理论。用内格尔的话来说,一个科学的理论不能是一个封闭的体系,其中的所有词语不能只在这个体系中循环定义,它还必须包含一套规则,这套规则“把抽象演算与具体的观察实验材料联系起来”[②]。一个理论如果没有这样的规则,它就不是科学的,而只能是数学的、逻辑的或形而上学的。把科学和经验联系起来的规则也有形形色色的叫法,诸如协调定

① 石里克:《意义和证实》。洪谦主编:《逻辑经验主义(上)》,第57页。

② 内格尔:《科学的结构》,徐向东译,上海译文出版社2005年第1版,第100页。

义、操作定义、语义规则、对应规则、认知关联、解释规则、词典等。总之，一个科学的理论必须能够解释和预测经验现象；或者换个说法，一个全称的科学理论必须能够还原为单称的经验命题。由科学理论演绎而来的单称经验命题称为该理论的检验蕴涵。检验蕴涵在原则上能够通过经验观察予以真或假的判断。“原则上”的意思是有些检验蕴涵人们知道如何去观察，但无法在现有的条件下去进行操作。比如说“海王星上有人居住”这个经验命题，它是可以去检验的，但当前并不具有可操作性。

所以，对科学理论的检验和评价问题最重要的就是对其检验蕴涵真假的判断，中立的经验事实在其中起到决定性判据的作用。当一个检验蕴涵与人们的观察一致，就意味着推导出该检验蕴涵的理论经受了一次检验。很明显，一个理论经受住的检验越多，人们对它的信心也就越足。

逻辑经验主义者认为科学知识的合理性能在相当充分的程度上得到说明，就在于他们注意到在科学的实践中，科学家们不会轻易相信和接受一个理论，除非它得到足够充分的事实的支持。一个新的理论出现的时候，人们当然会从简单性原则（用尽可能少的元素来解释尽可能多的经验事实）、美学原则（是否具有优美的形式）、逻辑自洽原则（理论内部不能出现相互矛盾的结果）、新颖性原则（是否能够解释以往理论不能解释的现象）等方面对其评头论足。但是相对于经验事实的裁决权来说，所有其他的评价原则都只具有相对性。例如，爱因斯坦的相对论在简洁和优美上是一目了然的，但在1919年爱丁顿用一次观测表明光线确实因为受到引力作用而弯曲之前，它并没有得到广泛的承认和接受。另外一个著名的例子是关于元素镭的发现。居里夫妇在1898年的时候就从理论上对存在一种新的放射性元素进行了详细的推理，并对这种元素的放射性质作出了详尽的描述，他们把这种新元素称为“镭”。不过最开始人们反应非常冷淡，直到经过4年艰苦的体力劳动，他们终于将这种新元素的化合物从数千吨矿物中提炼出来之后，科学家们才为他们这项伟大的发现欢呼。

4. 发现和辩护

为了更好地说明科学合理性的问题,逻辑经验主义者大都赞同对认识过程中发现和辩护的行为进行适当区分。所谓"发现"指的是人们如何提出新思想、新理论;"辩护"指的是人们如何检验和评价一个新思想、新理论,最终决定是否接受它。这种区分有两层递进的含义。首先,一个科学理论发现的过程和对它进行辩护的过程在逻辑上而非实践上和时间上是独立的两个过程。也就是说,一个科学理论是如何提出的——不管来自神秘的直觉还是严谨的逻辑证明,与它最终被接受从而进入公共的知识体系是没有关系的。比如说,凯库勒声称自己之所以能提出苯的环状结构,是他无意中梦到了一条口尾相衔的蛇;而爱因斯坦提出相对论是基于严密的逻辑分析。但不管是哪一个,科学家们在实践中都会对其进行严格的检验,而不会因为前者靠的是猜,后者靠的是推理,就对后者另眼相看。辩护的过程而非发现的过程才是一个科学的理论被接受与否的关键。当然,在具体的实践中,二者完全可能是同步进行的。

其次,由于理论被接受的关键在于辩护的过程,科学的合理性问题实际上就是辩护的过程是否具备合理性的问题,如果能够表明科学家在检验一个理论时遵循普遍的合理性准则,科学知识就是合理的。所以逻辑经验主义者更加重视对辩护的研究。波普尔在《科学发现的逻辑》中明确指出,如果人们想要"合理重建"科学认识的过程,就不能把注意力放在科学家在提出一个新理论时的"灵感的激起和释放"上,这是心理学的研究范畴;而要把注意力放在"随后的检验"上。[①] 也就是说,只有说明科学家们在接受一个理论时依靠的是清晰、严格、普遍的准则,而不是模糊、任意、相对的条件,科学认识的合理性才能得到有效的辩护。(不能不说,波普尔这本书的名字具有很强的误导性,对很多只从书名来理解书的内容的人来说是悲剧性的,它更准确的名字应该是《科学辩护的逻辑》。)波普尔的这种想法在逻辑经验主义者当中具有相当的代表性。赖欣巴哈在《科学哲学的兴起》中也说,解释科学发现并非哲学家的任务,"他所能做的只是分析所与事实与显示给他的理论(据说这理论可以解释这些事实)之间的关系"[②]。也就是说,重要的是说明人们是怎样检验一个理论并且接受它的。

后来的人们对于逻辑经验主义对发现过程和辩护过程的二分有很多批评,但是其中绝大部分都是毫无意义,甚至是无中生有的。其中广泛流传的一种是说这种区分是机械的、刻板的;另一种则嘲笑逻辑经验主义者忽视了对科学发现过程的研究,在方法论的意义上是不完整的,研究科学家如何提出问题、如何创新比研究事后的检验和评价更重要。

如果准确把握上面提到的那两层的含义,这些批评都是不值一驳的。逻辑经验主义之所以强调辩护过程的重要性,目的是想通过它的规范性来说明科学的合理性,或者说人们在辩护过程中的严谨保证了科学知识相对于人类其他知识的独特性和优越性。科学知识之所以是独特和优越的,不在于它的形式有多么优美简洁,不在于它的内容多么深刻或惊悚,也不在于它有多么神秘的吸引力,而在于它是规范的、能够经受最为严格的检验并且有相当的可预见能力。这并不意味着科学中的发现过程就不重要,而只是说它在这方面不如前者重要。

的确,波普尔和赖欣巴哈都明确地说发现的过程无

① 波普尔:《科学发现的逻辑》,查汝强等译,科学出版社1986年第1版,第5页。

② 赖欣巴哈:《科学哲学的兴起》,第179页。

法还原为逻辑的过程，但是如果要把这种毫无疑问是正确的说法理解为他们认为发现的过程中不存在任何可供借鉴的方法和规则，那就是评论者的理解力问题而非原作者的表达能力问题了。一个问题再重要，如果它跟想要达到的目的无关，人们轻视它忽略它完全是无可指责的。在本章一开始，我们就提到，知道人们为什么会问一个问题比知道他如何回答这个问题重要，此处可以说是一个极佳的例子。知道一个问题是怎么来的，我们就不会犯断章取义的错误，也不会去提出一些毫无价值的反驳和批评。

5. 证实、确证和证伪

理想很丰满，现实却很骨感。科学家们在对一个理论进行检验的时候看上去非常严格，然而要从理论上阐明他们在辩护的过程中确乎遵循了清晰、严格和普遍的原则，却是一件困难重重的事情。原因非常简单，逻辑经验主义者抛弃对绝对真理的寻求，只是表面上避开了休谟的诘难，实际上却无法逃离他对归纳法的批判。归纳的有效性问题不能彻底得到解决，就无法断言人们在辩护过程中遵循某种普遍的合理性规范。卡尔纳普、赖欣巴哈、波普尔分别采取了三种不同的典型思路来解决它，但是从结果来看，他们做到的和他们想要做到的相去甚远。

逻辑经验主义者都无一例外地同意，说一个理论被"证实"在逻辑上是不严谨的，因为一个全称命题是无法通过有限的人类经验来证实的。因此，卡尔纳普使用"确证"来代替"证实"。每一次获得经验事实的支持都是对理论的确证。并不是每一次检验对理论的确证程度的权重都是一样的。对已知经验事实的说明，对增加人们对理论的信心要远远小于对未知经验事实的预测。就像牛顿的体系能够非常好地解释太阳的视运动、日食、月食等等，但这对人们接受它没有太大的帮助，然而用它准确预测哈雷彗星的来临，却能极大地提高人们对它的认同度。因为前面那些现象不需要牛顿的体系也能说明，而后面的预测在牛顿之前没有别的理论能够做到。当一个理论"达到实际上的足够确实性",人们就会接受它,也就是对它的辩护取得了成功。问题是,"足够"是相当模糊的说法,具体来说,对一个理论的拒绝或接受需要多少次确证才是合理的?1次,2次,还是100次,或者其他数字?如果是100次的话,100次和99次之间的不同在哪里?卡尔纳普不得不承认,这个问题是无法回答的。这也就意味着要从逻辑上证明人们接受一个理论有充分合理的理由是不可能的。卡尔纳普只好采取权宜之计,他认为一个理论到底要达到什么样的确证程度才是足够的,是科学家之间心领神会的"约定"。很难相信下面这段话出自一个以逻辑分析闻名的哲学家之手:

> 一个(综合)语句的接受和拒绝永远含有一个约定成分。意思并不是说决断——或者,换言之,真理和证实的问题——是约定的。因为,除约定成分外,永远有非约定的成分——我们可以叫它做客观成分——即是历次所作的观察。而且确实必须承认:在很多情况下这个客观成分达到压倒一切的地步,以致约定成分消失了。像例如"有一张白纸在这桌子上"这样的简单语句,在作了若干次观察以后,确证程度将是这样的高,使我们实际上不能不接受这个语句。但甚至在这个场合理论上也仍旧有否定这个语句的可能性。这样即使在这里,也是一个决断或约定的问题。[①]

① 卡尔纳普:《可检验性和意义》。洪谦主编:《逻辑经验主义(上)》,第76页。

不知道经常被卡尔纳普像指导小学生的语法那样拿出来做范例的那几个形而上学家,如果泉下有知看到这段不知所云的话会有何感想。他们一定会庆幸不是当面接受写出这种文字的人的羞辱。由于卡尔纳普既证明不了有什么规则保证了人们接受一个理论的必然理由,也不愿意接受科学知识只是人们之间任意的主观约定,所以陷入了一种顾得了头顾不了尾、顾得了尾顾不了头的尴尬境地。这种境地逼得一个逻辑语言学家只能生生把一篇论文写成了外交辞令式的太极文。关于合理性存不存在、约定与合理性之间的关系是什么这些重要问题,我们无法从这段文字中得出任何明确的结论。

对于卡尔纳普的困境,赖欣巴哈感同身受,于是他试图通过引入概率计算以一种量化的方式来解决它。他的这种想法显然来自帕斯卡著名的"上帝是否存在"的打赌论证。

帕斯卡说,上帝存在与否其实是人的理性无法把握或确定的,但实际上我们信不信上帝与"上帝存在与否"这个问题的真假无关。为什么呢?不妨把人生和信仰当成一场豪赌。押注"上帝存在"和押注"上帝不存在"对于此世的生活可能不会有什么太大不同,毕竟我们周围不信宗教的人与信仰宗教的人的生活没什么根本性差异。如果上帝不存在,人们在死后尘归尘、土归土,押哪一注也没什么关系。但是如果上帝真的存在,押对注的那些人就会赚得盘满钵满,而押错注的人就会输得满盘精光。所以在帕斯卡看来,任何一个有理性的人在信仰问题上其实是不难作出决断的。这么一来,帕斯卡就把人生中的"选择什么是合理的"这个理论问题,聪明地转化为了"怎样选择能够保证利益的最大化"这个实践问题。

依照帕斯卡的这个思路,赖欣巴哈认为归纳问题是能够得到根本解决的。长久以来,休谟对归纳法的批判给人们造成了很大的心理阴影,以致形成了一种错觉:如果不能证明一个理论全真,则就无法说明接受一个理论是合理的。然而,只要善用帕斯卡"利益最大化原则"作为合理性判断的依据,这个错觉就将烟消云散，人们对科学合理性的辩护就将迎来柳暗花明的大好局面。如果把真记为“1”，把假记为“0”，在实践中人们对一个理论的判断永远是0到1之间的某个值，这个值可以称为该理论的“置信度”。理论的置信度越接近1不能说明它越接近真理，而只能说明它越值得信任，对未来的预测越准。赖欣巴哈指出，人们遵循利益最大化原则，挑选出对人类生活最有指导价值，即置信度最高的理论，这种行为就是合理的。也就是说，人们在科学实践中并不是以追求真理为导向，而是以追求有用与否为根本目的，“不求最真，但求最有用”。

因此，赖欣巴哈不认为在科学的认知过程中存在什么归纳问题，卡尔纳普式的半遮半掩地想把归纳的合理性诉诸某种真实客观的东西的想法是不明智的，只会把形而上学从后门重新放进哲学的田地里。归纳的合理性与它能否给人们带来真理无关，而只跟它能否有效解决实际问题有关。人们完全可以毫无愧色地为归纳法辩护，无须对那些指责它无法提供真理的人们假以辞色，因为无论在过去、现在还是将来，它都是人们有效解决问题的最大依仗。而这就是它最大的合理性。

应该承认，赖欣巴哈对于科学合理性的概率说明，与卡尔纳普确证不断积累的说法比起来，既清晰又有说服力。然而，波普尔对此提出了异议。首先，人们准确计算理论的置信度是一个非常复杂的技术问题，能否做到是存疑的，而且置信度这个概念本身也是暧昧不明的。其次，即便上述技术问题能够得到圆满解决，也没有解决归纳的合理性问题，而只是把这个问题换了一个方式。因为人们仍然可以追问“为什么选择最有用的理论是合理的？”对于这个追问，赖欣巴哈要不承认这没有什么理由，只是觉得应该如此；要不就只能回应说，因为按照这种原则选择总能让人们得到最多的好处。前者意味着以有用性代替真实性作为辩护的标准也不过是形而上学的假设，后者则很显然重新回到了休谟已经攻击过的“用归纳来证明归纳”的死循环。所以，波普尔得出结论说“诉诸假说概率不能改善归纳逻辑这种靠不住的逻辑状况”[1]。

科学发展史宛如大浪淘沙，波澜壮阔的海面之下，是层层被人们抛弃的砂砾。卡尔纳普和赖欣巴哈看到的是海面上翻滚的浪花——那些被人们接受的科学知识，他们想要正面回答为什么人们接受某个科学理论是恰当的和合理的，结果躲过了形而上学真理论的大坑，却掉进了归纳法的陷阱。不过，海面之下的砂砾——那些被人们抛弃的科学知识，是不是隐藏着解决这个问题的关键线索？波普尔聪明地注意到了这一点，并据此找到了解决科学知识合理性的一条新思路。

在波普尔看来，像卡尔纳普和赖欣巴哈为科学知识辩护的思路之所以会陷入两难的境地，就在于他们放弃了科学知识的真理性和真实性，但同时却又要去论证人们接受一个理论的合理性，这是自相矛盾的。如果人们不能论证一个理论的真实性，就无法充分论证接受它有什么必然的理由。最终要不重回形而上学的老路，要不陷入归纳问题的困境，要不就乞灵于像“约定”这样主观性、社会性的概念。所有这些都表明他们对科学合理性的说明是失败的。既然如此，为什么不换个思路考虑科学知识的合理性问题呢？“接受”和“拒绝”是一个硬币的两面，如果从正面无法说明人们持有一种信念的合理性，那么为什么不考虑反面呢？只要能说明人们拒绝一个信念是充分合理的，则相当于说明了人们持有跟它相互竞争的信念是合理的。

① 波普尔：《科学发现的逻辑》，第229页。

波普尔认为，要做到这一点，从逻辑上来说是完全可能的。因为全称命题和单称陈述之间的逻辑关系是非对称的："全称陈述不能从单称陈述中推导出来，但是能够和单称陈述矛盾。"[①] 说直白点，用有限的事实无法证明一个全称命题为真，但是用一个事实就足以证明全称命题为假。只要发现一只天鹅是黑色的，就能够断定"所有天鹅是白色的"这个句子是错的。因此，与卡尔纳普提出的"确证"概念相对应，波普尔提出了"证伪"的概念。（这个术语在最早翻译成中文时纯属误译，正确的译法是"否证"。"证伪"从字面上来理解是一个奇怪的概念，既不与"证实"相对应，也不与"确证"相对应。不过中文已然约定俗成，本书仍遵从习惯。）波普尔用这个概念的意思是指，对一个科学理论进行检验的目的，不是为了判断它是对的，而是为了证明它迄今为止还不是错的！如果很不幸，理论没有通过验证，那么它就会被抛弃。所以，科学的辩护的过程，不在于帮助人们发现真的东西，而在于排除掉那些错的和假的东西。因而，一个理论之所以被人们接受，与其说是它的成功，不如说是它的竞争对手的失败。或者换个说法，人们永远不会接受一个理论，它永远处于被检验的状态，人们每一次使用它都是对它的新检验，而人们使用它仅仅是因为别无选择——其他可供替代的理论都被证明是错误的而被抛弃了。

波普尔特别强调"判决性实验"在科学发展过程中的重要性。因为它是说明检验过程是一个证伪过程的

① 波普尔：《科学发现的逻辑》，第15页。

范例。所谓判决性实验,是指能够无可争辩地排除掉若干相互竞争的理论之中错误的那些,只留下唯一无误的那个的实验。现有若干理论,人们无法断定应该选择谁,最终人们发现它们推导出的检验蕴涵存在相互矛盾,这时设计一个实验对这些相互矛盾的检验蕴涵进行检验,以判定它们的真假,这个实验就是判决性的,在人们接受还是抛弃一个理论上起到一锤定音的作用。比如光的本性究竟是波还是粒子这两种说法在18世纪相持不下,不过光的波动说断定光会发生干涉现象,而粒子说则认为不会,于是有人设计了一个著名的双缝实验来对此进行检验,这个实验就是判决性的。结果人们在其中观察到了干涉现象,因而光的粒子说自然被放弃。

如此一来,波普尔自信地认为,归纳法的幽灵终于可以从他的理论中被彻底排除了。因为按照他的这种观点,归纳法在检验和评价理论的过程中根本不起作用,证伪的过程严格遵循演绎论证的程序,在逻辑上没有任何问题,所以即使人们在科学发现的过程中使用了归纳法,也不会对科学知识的合理性产生影响。不能不说,波普尔的思路是独特而且巧妙的,看起来也是无懈可击的。但同样不能不说的是,他的思路也是匪夷所思的,完全违背了人们对科学的直观感受。按照这种看法,科学家不是求真者,而是不断猜想出一些奇奇怪怪的理论的疯子,他们提出这些理论仅仅是为了在将来的某个时候抛弃它们。如果说卡尔纳普和赖欣巴哈们放弃了真理,转而心满意足地寻找高度或然性的知识,已经从人类崇高理想那里大踏步后退了的话,那么波普尔的证伪主张比起他们来又向后撤了数百米。

不过,即使是这样,波普尔的自信也同样是一种盲目的乐观。同时期的艾耶尔曾经说过一个非常精辟但不怎么引人注目的论断:“一个假设不能被确定地否定,犹如它不能被确定地证实。”[①] 这句话针对的对象就是波普尔的证伪理论。一个实验其实涉及非常多的因素,当它与某个理论发生冲突的时候,理论的支持者通过对该实验的各个环节进行指责来捍卫理论是完全正当的。这个过程也完全可能是无穷无尽的，那么问题就来了，人们要进行多少次这样的实验才应该确定地放弃这个理论？1次，2次，100次？如果需要100次的话，那么99次和100次有什么不同？卡尔纳普在说明确证的合理性时碰到的问题，在波普尔这里会以这种诡异的方式呈现出来。另外，波普尔对赖欣巴哈的所有批评都能用到自己身上。排除掉不对的，剩下的未必就对。人们有什么理由必须要接受没有被证明是错误的那个理论，仍然是需要说明的。“如果连剩下的这个都不要，就什么也没有了，你别无选择”，并不是一个恰当的说明。这和赖欣巴哈式的“已经把最好用的挑出来了，你爱要不要”，在本质上是完全相同的。如果二者有什么区别的话，那就是波普尔更像是在耍无赖，赖欣巴哈更像是在显摆。因此，波普尔的证伪仍然无可避免地会掉入归纳问题的陷阱。

总的来说，逻辑经验主义对科学合理性的讨论是令人失望的。他们的观点不仅没能增加人们对科学合理性的信心，反倒是越描越黑，让人们直观上可信赖的、近似于接近真理的科学知识变成了证据不足、根基不稳的信念结合物。按照卡尔纳普的观点，科学家像一群疯狂收集各种食物过冬的蚂蚁，某一天，这群蚂蚁看着洞里面堆得满满当当的各种零碎，心满意足地齐声赞叹道：“我们终于发现了全世界！”在赖欣巴哈笔下，科学家是一帮职业赌徒，明明他们手里的筹码有限，但却穿着礼服、打着领带，一本正经地告诉人们：“来，跟着我吧！我

① 艾耶尔：《语言、逻辑与真理》，尹大贻译，上海译文出版社2006年第1版，第7页。

会帮你成为人生的最大赢家!”而波普尔则把科学家描述成了经验老到的江湖术士,当有人质问他说:“大师,你给的这个符箓不灵啊!”大师微微一笑,八风不动地反手又取出一枚递上去:“不用着急,试试这个,一定灵!”有人好奇地问大师何来如此之多的符箓,大师深不可测地答道:“猜的。”

面对这样的结局,劳丹在20世纪80年代无奈地感叹道:

> 20世纪哲学最棘手的问题之一是合理性问题。有些哲学家提出,合理性就是使个人效用达到最大的行为;另外一些哲学家则提出,合理性就是相信那些我们有充足理由相信为真(或至少可能为真)的命题并按这些命题行动;还有一些哲学家暗示合理性随成本—效益分析而变。对合理信念和合理行为的上述看法以及其他种种看法,已有大量著作作了论述。但是,由于人们忽略了下列事实,即在这些对于合理性的解释中,没有一个被表明不存在逻辑上或哲学上的困难,因此,也从未有人表明,这些解释中有哪一个足以符合我们的合理性是大部分科学思想史所固有的这一直觉。相反,我们更容易表明,科学史上的许多例子——几乎所有人都本能地同意这些例子中的科学研究活动是合理的——是与上述所有的合理性模型相悖的。①

比较有意思的是,尽管人们对科学合理性的辩护说不上成功,但逻辑经验主义者默认科学的发展过程

① 劳丹:《进步及其问题》,刘新民译,华夏出版社1990年第1版,第116页。

是一个不断进步的过程,甚至他们也不讳言科学知识能够在某种程度上接近真实。波普尔认为科学发展是一个从问题到猜想的循环往复的过程,从表面上看他似乎毫不在意科学知识的真实性,但实际上波普尔暗示科学发展的过程是存在一个不断朝着逼真性迈进的趋势的。他认为证伪理论能够直观地对一个理论的好坏作出评判:一个好的理论更容易被证伪。其中的道理在于,一个理论越容易被反驳,说明它包含的经验材料更广泛,它对未来的预言更准确。比如说,现代天文学理论对日月食的预测能够精确到秒,而哥白尼的天文学对日月食的预测只能精确到天。一天的范围显然比一秒的范围宽泛很多,要否定精确到秒的结论当然比否定精确到天的结论更容易。所以现代的天文学理论比哥白尼的天文学理论更容易证伪,也就意味着前者存在更多的逼真性。

6. 整体论与观察渗透理论

正像很多喜欢鸡蛋里挑骨头的人们所指出的那样,逻辑经验主义者不注重对科学的历史考察。如果只是指出这个事实,那是完全正当的。但是如果要据此进一步评论说他们如何思路狭窄、目光短浅就是另外一回事了。任何问题的研究都是一个逐渐扩展的过程,指望一个人或一群人能够讨论到一个问题中的所有细节,只是不切实际的幻想。

逻辑经验主义者类似于经济学家中的斯密。斯密把人定义为遵从理性指引的主体,因而认为人类所有复杂经济活动都能还原为人们追求利益最大化的行为。逻辑经验主义者虽然没有明确地提出过"科学家都是理性人",或者"科学事业是一项纯粹理性的智力活动"之类的假设,但是在实际上他们具有这样的想法。这从他们对科学的本性、科学知识的基础、科学的合理性、科学知识的结构孜孜不倦的探求中充分地反映出来。

他们虽然放弃了知识的绝对性的崇高目标,但是仍然假定科学知识是人类所有知识中最纯粹、最普遍，完全超越于任何利益、意识形态、种族和文化偏见的部分。他们不厌其烦地讨论科学合理性当中的种种细枝末节，是希望能找到一种普遍的科学方法和一套普遍的科学表达形式，来达到对上面这个理想的证明。如果能从科学活动中抽取出完整的合理性评价方法和普遍的表达形式，那么人们就有理由相信，科学知识的确是最为纯粹的东西。因为这就表明了科学知识是按照正确的指导原则并进而按照正确无歧义的语法来表述的，也就不会包含任何主观和社会文化因素。逻辑经验主义者在一段时间内为什么要大张旗鼓地搞“统一科学”的活动，也正是因为此。

如果我们把形而上学的知识论称为“知识上的绝对主义”，逻辑经验主义的知识论就是“方法上的绝对主义”。形而上学认为绝对正确的知识是能够找到的，但逻辑经验主义却对此存疑，它转而通过寻求正确的方法来取代正确的知识。正确的方法能够保证人类的科学知识随着经验疆域的扩展而稳步持续地增长，这样的话，即使不能找到真理也无关紧要，因为正确的方法也能保证人们始终走在正确的道路上，人类的历史也就不至于成为一个靠盲目的习惯指导的无序过程。大致来说，这就是普特南在《理性、真理与历史》中所说的“方法崇拜”。这使得逻辑经验主义者有一种默契，科学的方法和知识是相互分离的，相对来说方法比知识本身更加重要，科学哲学的主要任务就是完成正确的科学方法的重建。

然而，非常遗憾的是，他们这个了不起的目标不仅没有实现，反而把结果弄得一团糟。有人曾经嘲笑一个神学家说，在他论证上帝存在之前，没有人认为这是一个问题。这句话用来形容逻辑经验主义也是非常恰当的。这里引用这句话没有任何嘲弄的意味，我只是想用它来表明人类思想建设之大不易。直观的感觉是一回事，完备的逻辑论证则是另外一回事。

由于逻辑经验主义者没能得到他们理想中的那套方法，人们才得以认识到脱离具体的历史文化环境和实践中活生生的人，把科学的方法当成某种抽象的教条，而非实际生活中的灵活机变的策略，是无法理解科学和科学的成长的。这是我们在接下来的第三章、第四章着重介绍的历史主义和科学知识社会学之所以兴盛的原因。换句话说，如果逻辑经验主义达到了它的目的，那就不会有这两个思潮的繁荣。就像如果人们确实能证明形而上学的真理是必定存在的，那顶多只会有历史学家休谟，而不会有哲学家休谟。

在导致“方法上的绝对主义”破产的道路上，逻辑经验主义者之间的相互批判是其中的重要一环，汉森的《发现的模式》则是其中非常重要的另外一环。前者我们在上一节已经有了一些讨论，此处再概要谈谈蒯因的《经验论的两个教条》对逻辑经验主义的意义理论的批判。

所谓的“两个教条”指的是：其一，分析命题和综合命题的区分；其二，理论必须还原成单称经验陈述，而且通过对单称经验陈述的判断能够决定理论的真假。分析和综合的二分，自休谟和康德之后，为大部分哲学家所赞同，尤其得到逻辑经验主义的坚持。但蒯因认为，这种区分是相当可疑的。从形式上来说，分析命题分为两类：第一类是绝对的同义反复陈述，它在逻辑上一定为真，比如“没有一个未婚的男子是已婚的”；第二类则是通过同义替代可以化为第一类的陈述，比如“没有一个单身汉是已婚的”，如果用“未婚男子”来替代同义的“单身汉”，则它显然和第一类完全相同。蒯因在通过对“同义性”是什么意思的详细拷问之后指出，离开经验的支持，要给“同义性”一个完全纯粹逻辑的说明是不可能的。因此第二类分析命题严格来说不是“分析的”，而是一个综合的命题。也就是说，分析命题和综合命题之间并无一条绝对明晰的分界线，二者的区分只不过是一种“形而上学的教条”。从这一点来看，蒯因是一个比休谟更过分的经验主义者。按照他的说法，除了“A=A”这种严格形式的绝对同义反复的陈述，数学和几何学之类的知识也都是综合命题，离开了经验，它们也都是无法理解的。

如果说逻辑经验主义的第一个教条只是不清晰的话，第二个教条说得上是错误。蒯因说,一个完整的科学理论是一个整体,其中各种概念和定律组成的陈述犬牙交错宛如一张大网,与经验有关的陈述只是这张网的边缘部分。当其中一个陈述与人的经验相冲突时,并不会给整个网络带来致命危机,因为人们会通过调整理论内部陈述的关系来适应这种冲突。就像渔夫捕鱼,不是说渔网破了个洞就要立即把它丢掉,而是首先会修补,重新连接不同的网线,修好的网照样能很好地完成打鱼的任务。科学理论具有很强的弹性,足以应对许多对它不利的证据。所以:

> 经验对整个场(指科学理论——引者注)的限定是如此不充分,以致在根据任何单一的相反经验要给哪些陈述以再评价的问题上是有很大选择自由的。除了由于影响到整个场的平衡而发生的间接联系,任何特殊的经验与场内的任何特殊陈述都没有关系。①

也就是说,经验检验在一个理论的辩护过程中其实没那么重要。一个检验蕴涵被断定为错误,最多影响到与之直接关联的陈述,而不会对其他离得很远的陈述产生多大影响。人们总能找到办法恢复整个理论体系的平衡。甚至在极端的情况下,如果冲击过于严重,人们会通过攻击经验事实来保护理论不受破坏性的危害。只要还不愿意更换一张新的,再大的破洞也不会让渔夫丢弃目前的这张网。

蒯因的观点对逻辑经验主义是巨大的打击。它表明,即使客观中性的经验事实是存在的,由于它在理论

① 蒯因:《蒯因著作集(第四卷)》,涂纪亮等主编,江天骥等译,中国人民大学出版社2007年第1版,第47页。

的辩护过程中不一定起到决定性作用,人们也很难在它的基础上建立起某种正确的方法论规范。因此,像卡尔纳普、赖欣巴哈和波普尔之类的努力注定只能是徒劳。

相比蒯因的观点来说,汉森在《发现的模式》中得出的结论才是致命的,它以一种釜底抽薪的方式毁掉了整个逻辑经验主义的根基——客观中立的经验事实。

汉森的人生经历在早期的科学哲学家当中是一个另类,《发现的模式》也同样如此。首先是它的风格,其次是它研究的主题。《发现的模式》更像是在讲故事,而不是阐述沉闷的哲学问题,而且当大部分同类作品把注意力集中在意义问题和理论的检验上之时,他独辟蹊径地讨论了人们是如何构建出一个新理论的。我们在此处不准备完整地讨论他的整个理论体系,而只是重点关注他说的"观察渗透理论"是什么意思,以及他是如何得出这个结论的。因为,正是这个观点否定了客观经验事实的存在。

首先需要指出的一点是,有很多人单纯从认知心理学的角度来理解"观察渗透理论",并试图根据这个领域当中的一些新进展来驳斥它,这显然是不全面的。汉森在《发现的模式》中的确是从认知心理学的角度展开对"观察"问题的思考的,并采用了大量生动有趣的图片来引入自己的观点。但他对"观察"本质的探讨,远远超过了通常的认知心理学的范畴。从个体的角度来说,观察始于人的生物学本能对于认识对象的反映,终于大脑对反映的整合和重建。但是,从科学知识的获取过程来说,观察显然不仅仅是个体意义上的,观察者还必须把观察到的东西用语言描述出来,这样才能获得真正意义上的经验材料。因此从科学研究的过程来说,观察是一个收集感觉材料,整合感觉材料,最终用语言输出观察记录的完整系列,涉及心理学、符号、意义、语言、逻辑等诸多方面。大致来说,我们可以从三个方面来理解汉森的"观察渗透理论"。

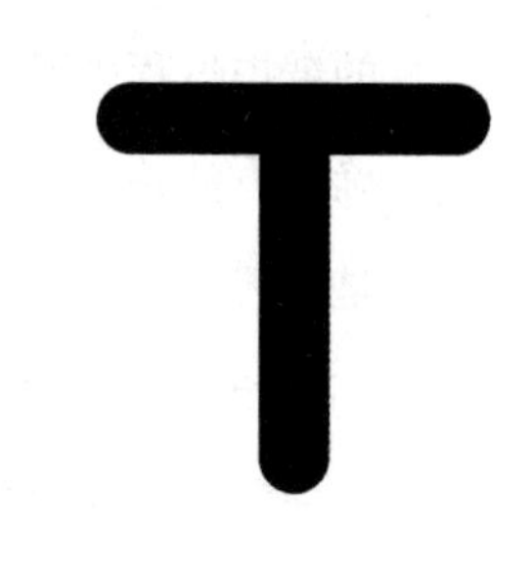

我们来观察右边这个简单的图形，想一想你会如何向别人描述你看到的是什么。熟悉英文的人多半会脱口说它是字母“T”；不认识任何英文字母但刚好认识中文的人则会说它是“正”字的前两笔；一个没有受过任何教育的人，可能会从熟悉的日常用具角度说它是一个“钉锤”或者别的什么东西。很显然，我们每个人看到的视觉图像都是一样的：一根横线下面连着一根竖线，但是我们向别人描述所看到的图像时却会根据自己最熟悉的东西来加以说明。因此，观察不是对观察对象机械、被动的反映，而是人的大脑对视网膜上的纯视觉图像进行识别和主动构建的过程。在这个过程中，观察者的过往经验和背景知识一定会介入其中，并最终成为观察者大脑中最终构建出的图像的一部分。这是“观察渗透理论”的第一层含义。

汉森进一步指出，观察同时也是观察者将观察对象整合进自己所知晓的意义世界的过程。换句话说，观察是一个理解的过程，是人们用已有的知识背景对观察对象的包容。人们观察到一个玻璃杯就会小心翼翼地轻拿轻放，因为知道它掉到地上会摔碎；“天似穹庐”对古人来说不仅仅是纯粹的比喻，而今天的人们知道头顶上除了空气和遥远的星星，其实什么也没有；古人看见太阳每天东升西落得出的结论是太阳在围绕地球运动，而今天的人们则会认为这是地球自转给人的视觉带来的假象……除非在非常刻意的情况下，人们不会把自己观察到的对象隔离于自己熟悉的意义世界之外，而会把它和自己理解的关于这个世界的知识串联起来。即便是对那些第一次观察到的东西,也是尽量如此。人不是摄像头,只是刻板地记录视线范围内发生的事情。不过,这通常是在人们不知不觉的情况下发生的,人们往往不会注意到这一点。就像我们今天每一次看到“太阳西沉”,不会特别强调,这又一次证明了地球自西向东的自转。我们仅仅是心照不宣。所以,汉森说:

> 知识存在于看之中,并不是看的附属物。织物中有线的模式,它并不是用辅助的操作附加到织物上的。我们很难觉察自己是把知识附加到目光所及的事物上的。①

因此,解释不是观察之后的行为,它内嵌于观察之中。这是“观察渗透理论”的第二层含义。

外部事物在人们视网膜上留下的光学影像,对科学知识来说是没有意义的。它没有对错,也没有真假。所有人不管古代的还是现代的,头顶的蓝天、太阳的东升西落呈现在他们的视网膜上的影像都是一样的。但是,古代的人们对它的理解和现代的人们是完全不同的。人类的科学知识显然不是所有人眼中的光学影像的堆砌,它是用语言而不是这些纯光学影像来表达的。这些影像只有被赋予意义然后用语言表达出来,才能够成为科学知识当中的一部分。因此,当人们想汇报自己的观察结果时,并不是像从照相机当中把照片打印出来那样,把自己看到的图像原原本本拓印出来,而是要用语

① 汉森:《发现的模式》,邢新力等译,中国国际广播出版社1988年第1版,第25页。

言描述出来。在这个过程中,人们已经作出了某种判断,人们在观察中业已渗透着理论背景的那些意义会不知不觉地出现在描述之中,尽管人们自觉已经完全排除了主观的任何干扰也无法避免。回到第80页那张图,该图像本身没有任何意义,但当有人说他"看到了字母T"的时候,它就获得了意义。人们还会展开联想,认为把它和其他的字母进行组合能够形成"they"之类的单词,甚至是一个句子、一段话、一篇文章等等。当然,说它是"正"字的前两笔也有类似情况。报告这些观察结果的人一定不会觉得自己有意在曲解图像的含义,或者说想要去误导人们什么。但实际上他们的观察结果确实带来了这样的结果。而汉森说,这是"不可避免"和"必不可少"的。这也就是"观察渗透理论"的第三层含义。

"云室"是20世纪早期人们用来观察微观粒子的重要工具。简单来说,它是一个充满饱和水蒸气的玻璃瓶。饱和水蒸气的特点是,如果有像尘埃、电子等微小的东西在其中成为结晶核,它就会迅速凝结成小水滴,结晶核越多,水滴也就越多,最终形成"雾化"现象。人们熟悉的大雾天气也就是这么来的。当一个训练有素的物理学工作者报告某个云室中出现了一道雾气的时候,他表达的意思和没有任何物理学知识的人看到的一片雾气出现在某个玻璃瓶中是完全不一样的。他想说的是他观察到了有粒子流射入了玻璃瓶。而其他训练有素的物理学工作者也定然对此心领神会。所以,汉森总结道:

> 物理科学不只是感官对于世界的系统接触,它也是关于世界的思维方式,形成概念的方式。一个范式的观察者,不是那种只能看普通观察者所看,只能报告普通观察者所报告的人,而是那种能在熟悉的对象中看见别人其所未见的东西的人。[①]

综合上述三个层面来说,汉森认为逻辑经验主义者试图通过合适的语言和形式在经验事实中消去主体因素,从而构造出中立、客观的经验事实的做法,只是掩耳盗铃式的自欺欺人。如果他们认为人的感官提供的直接素材,譬如视网膜上面的图像、耳朵里听到的某种声音等,就是客观中立的经验事实的话,那么显然这样的素材在科学知识当中毫无意义,它们不能用来构成任何判断。如果他们说的经验事实指的是人们用语言描述的某个观察结果,那么这种事实中一定含有观察者本身具有的主观因素,而这是不可能消除的。我们批评一个人总是抱有某种偏见,常用的说法是:“他戴着有色眼镜”。按照汉森的说法,每个人都戴着有色眼镜,而且它是人与生俱来的标准配置,深藏于人的大脑深处,无论如何都不能把它摘取出来。我们有时会觉得自己确实摆脱了以前的某些局限,已经抛弃了“有色眼镜”,但实际上这是一种错觉,我们只不过用一副替换了另外一副而已。

除了表明客观中立的事实不存在,“观察渗透理论”还从另外一个角度证明了刚刚提及的蒯因的第二个论点:单称经验陈述无法撼动一个理论的地位。如果说经验事实本来就是从一个既有理论的指导中得出来的,那么想用它来反对这个理论显然就是痴心妄想。反对这个既有理论的经验事实只能来自别的理论的指导,因此一个理论必然是被另一个理论否定的,而不是某种客观中立的经验事实。库恩在若干年之后得出的结论恰好就是这个。

如果我们把20世纪的科学哲学视为一个纪元,汉森就是其中的划时代人物。他告诉人们,脱离开人的主体性,抽象地谈论科学是什么、科学的合理性是什么是不可能得到什么结果的。逻辑经验主义的做法是,把所有

① 汉森:《科学发现的模式》,第33页。

的科学家当成了一台配备各种探测器和传感器的超级计算机,科学知识就是这台计算机通过探测器收集的各种事实碎片经由严格的逻辑程序计算后输出的结果。这个结果中因此不包含任何人的主观因素和文化偏见。然而,这样的超级计算机只是一种乌托邦式的想象。科学家是活生生的人,科学知识仅仅是人类所有知识中的一个部分,不管是科学家还是科学知识都是在具体的历史和文化情境中的,它们都不是超然于历史和文化的存在。因此,脱离具体的历史和文化环境来讨论科学的合理性问题,只能是缘木求鱼和刻舟求剑。于是,在20世纪的后半段,历史、文化、社会以及人的主体性成了人们理解科学的出发点和主题词,而不再是之前的事实、逻辑和方法。

7. 本章小结

在本章的一开始,我们用简短的笔墨讨论了20世纪的物理学革命,真正的用意有两个。其中一个是揭示这样一种解读思想史的可能性:20世纪初期的科学革命,导源于由休谟开始的对西方传统形而上学的批评,物理学中的相对论思想和哲学中的逻辑经验主义,是同一根树枝上结出的两个果实。要让这种可能性不那么荒诞,至少要有一本像伯特的《近代物理科学的形而上学基础》那样的作品来讨论它。另外一个则是想要表明,20世纪的科学革命对人类精神世界的冲击是双重的。一方面,正如大多数人欢呼的那样,它是如此之深刻地改变了人们对自然和自身的理解,把人类的触角伸向了浩瀚幽远的宇宙之中和奇奥微妙的物质之内。另一方面,它又鼓舞了暗藏在人类心灵深处伺机而动的怀疑主义。既然牛顿们错了,爱因斯坦们也未必就能笑到最后。"一切重归黑暗"不仅仅是出于滑稽的恶搞,也是人类心灵彷徨的真实映射。人们曾经如此相信,科学家们给我们提供的关于这个世界的图景是绝对真实的,然而随着理想当中的那个世界的崩塌,科学还能否承担起这样的重任?

逻辑经验主义者也算是一群有担当的人,他们拥抱最新的科学革命,并且肩负起了为科学辩护的使命。他们试图通过扔掉形而上学的包袱来减轻他们肩上的重负,从而远离休谟挖出的大坑,为人们找到一套普遍的科学方法和科学规范,以保证人们接受的科学知识虽然不是真理,但确实绝对可靠、值得信赖。从最初的证实,到确证,再到证伪,虽然他们绞尽脑汁想要回避归纳问题,可惜的是,休谟留下的大坑实在过于辽阔,他们终究避无可避地没入其中。

一个好的剧本,故事情节应该是由作者预先给人物设定的性格来推动,而不应该由作者刻意地为了达到某个预想的结局来推动。所以我们经常能够看到,一部伟大作品的主人公最终无可奈何地走向绝望的境地。20世纪早期的那一代逻辑经验主义者也许预设了一个美好的愿景,但是20世纪50年代之后,这个美好的愿景成了明日黄花。从结果来说,这是一个悲剧,但从过程来说,他们留下了伟大的作品。

逻辑经验主义的失败,预示着一个相对主义狂欢的时代将无可避免地来临。

第三章

科学的进步是一种幻觉?

历史主义及其后果

在发表于1971年的《科学史及其合理重建》中,拉卡托斯开头就套用了一句来自康德的名言:“没有科学史的科学哲学是空洞的,没有科学哲学的科学史是盲目的。”透过这句话,我几乎能够听闻拉卡托斯在书桌后面的深深叹息。这句话的前半句是对逻辑经验主义的抱怨,而后半句是对本章将要讨论的主要对象——科学哲学中的历史主义——的指责。在拉卡托斯看来,前者缺乏历史的维度,只是满足于按照自己设想的图像来论说科学应该是什么样子,这犹如半空中起高楼,最终注定会轰然倒地;后者则走得过了头,始终纠缠于历史文化的细枝末节,强调科学实际上是怎么样的,这就像一头扎进故纸堆的老鼠,无法看清科学前进的方向。拉卡托斯对后者抱有高度的警惕,如果说逻辑经验主义只是未能为科学打下明晰和坚实的根基,那么历史主义却可能将科学原本模糊而脆弱的垫脚石侵蚀殆尽。为了抵御这种侵蚀,他贡献了毕生的精力。遗憾的是,在拉卡托斯去世后不久,他最担心的那种相对主义思想逐渐成了西方思想的主流。

科学哲学中的历史主义不是科学史,它不追求对科学发展历程详细和完整的全面描述,也不特别关注社会和文化因素对科学发展所起的作用。历史主义想要回答的问题是逻辑经验主义想要回答的问题:科学的合理性是什么?或者说人们为什么会接受一些理论而抛弃一些理论?不同的是,逻辑经验主义者试图替科学家回答这个问题,而历史主义者试图从历史当中观察科学家们自己是如何处理这个问题的,并看看是否能够得到一些具有普遍性的结论。最终,历史主义得出的结论是，科学的合理性不是一个关于逻辑和事实的哲学问题，而是一个关于文化和心理的历史问题。

正如拉卡托斯所指出的那样，历史主义的兴起显然受益于科学史的进展，尤其是科学思想史的进展。最为引人注目的是，历史主义的领军人物——库恩——的思想，直接来源于早前的科学思想史学者（如伯特、洛夫乔伊、柯瓦雷）卓越的开创性工作。在他最为著名的作品《科学革命的结构》（以下简称《结构》）出版前，他曾经写过一本同样非常出色的科学思想史作品《哥白尼革命》。后者显然构成了前者的思想基础。

在国内外的科学哲学研究中，有一个明显的缺陷，那就是人们一般不把伯特和柯瓦雷列入考察的范围，这当然有充分的理由。但是，由此带来的问题是，它使得库恩的思想在科学哲学中显得非常突兀。在逻辑经验主义者用逻辑符号和分析方式写成的一大堆作品中，库恩使用日常用语和历史方法写成的《结构》，简直像是一首原本和缓安宁的钢琴独奏曲，忽然加入了唢呐高亢刺耳的调子，充满了难以言喻的违和感。历史主义似乎是一个莫名其妙的天外来客，而且还是一个身负绝学的绝顶高手，很快就攻城略地，占领了以前由逻辑经验主义把持的阵地。用一个比喻来说，对科学哲学初入门的新手来说，从逻辑经验主义到库恩，感觉上宛如一群黑色的山羊中霍然出现了一只高大的长颈鹿。

一群黑色的山羊是孕育不出一只色彩斑斓的长颈鹿的。从科学思想史一开始就与逻辑经验主义针锋相对的立场来说，我们完全可以把它当作另外一种科学哲学——注意，不是逻辑经验主义所说的“科学的哲学”——而不把它归入科学史。二者立场的针锋相对，正如逻辑经验主义与形而上学的针锋相对。形而上学说有真理这个东西存在，逻辑经验主义说人们只能谈论经验事实能给的东西；逻辑经验主义说有绝对的科学方法存在，科学思想史说人们只能就具体的历史事实来谈论科学和科学的方法是什么。库恩是科学思想史传统结出来的一个大果子，而不是来自逻辑经验主义的枝杈。当然，他足够幸运，恰好出现于逻辑经验主义在自我驳斥中走向败落之时。所以,长颈鹿很早就有,而且还是一大群。历史主义和逻辑经验主义的交替,是两种不同传统在科学哲学中话语权的变更。以前一直是西风压倒了东风,斗转星移,现在变成了东风压倒了西风。

在本章,我们的故事就将从伯特们开始。

1. 形而上学与近代科学革命

1925年,正当逻辑经验主义者在拒斥形而上学的康庄大道上向前狂奔之时,伯特出版了《近代物理科学的形而上学基础》。这部作品虽非用论战风格写就,但单从书名就能看出,作者想要砸场子的意味还是非常明显的。在一开始,伯特就用生动的比喻,把人们的思绪引向了一个重要但通常易被忽视的问题:我们对之信心满满的那个宇宙是如何进入我们的观念世界之中的?他写道:

> 近代人思考世界的方式是多么奇妙啊!这种思维方式也是如此之新颖。支撑我们精神过程的宇宙学只有三百年的历史,它还只是思想史中的一个婴儿,可是我们却像一位年轻的父亲爱抚他的新生儿那样热情而又窘迫地拥抱它。像他一样,我们对这个新生儿的精确本质一无所知;像他一样,我们只是虔诚地把它视为亲生骨肉,允许它以一种难以捉摸的方式遍布和无拘无束地支配我们的思维。[①]

① 伯特:《近代物理科学的形而上学基础》,第1页。

习惯真的是人生的伟大指南，当人们被那些“遍布和支配”自己思想的原则驯服之后，就完全按照它们的指引去思考，既不会去审视和怀疑它们，也不明白它们是如何产生的。有很多人会对伯特的这个问题感到很奇怪：这有什么好问的呢？近代宇宙学的思想不就是近代科学革命的产物吗？事实难道不正是这样的吗？但伯特不这么想，他认为这个问题值得细细思量。以哥白尼革命为起点，伯特最终通过他对历史思想的精耕细作，给我们提供了一种与上述想法完全颠倒的答案。

正像我们今天大多数人的共识一样，伯特把哥白尼的日心说作为近代科学革命的肇始。他锐利地抓住了两个历史事实作为理解哥白尼革命的关键。

首先，日心说不是从经验事实中总结和归纳出来的。这可以从两个方面来说明。一方面，托勒密的地心说体系是一个极其成功且完善的理论，它能把人们肉眼能够观察到的天文现象（即所谓的经验事实）都纳入其中。如果要说科学理论来自经验事实的归纳，那么人们也只能归纳出地心说体系。（事实上，我们在第一章当中已经论述过，地心说体系也并非来源于经验事实。）另一方面，与其说日心说来源于经验事实，不如说它是对经验事实的直接违反。根据日心说，太阳位于宇宙的中心，它必定固定不动，这么一来地球就必须有两种运动：一种是绕日旋转的周期性公转，另一种是自己本身的旋转。前者对应四季的轮回，后者对应日夜的交替。但是，严格说来，没有任何一项人类的日常经验能够证明地球是在运动的。注意日常用语中“太阳每天东升西落”这样的说法，它相当准确地概括了每个人每天的日常经验：太阳围绕着地球旋转。而不是地球在自西向东地缓慢转动。所以，伯特调侃那些试图把科学理论建立在经验归纳基础上的逻辑经验主义者时说，如果他们生活在16世纪，将是日心说声音最大也最为坚定的反对者。培根就是一个极佳的案例，这个近代经验主义的吹鼓手，在哥白尼的《天体运行论》出版半个多世纪之后，仍然没有接受“地动说”。

其次，能够充分有效地证明地球确实在运动的经验事实，恒星视差（它能证明地球的公转运动）以及“傅科摆”（它能证明地球的自转运动），都出现在19世纪，而这时候，近代天文学革命早就落下帷幕了。也就是说，其实人们在找到确凿的证据之前，早就已经接受了哥白尼的日心说。为了能够把人类经验与日心说协调起来，以伽利略为代表的早期科学家发明了运动的相对性原理，它在后来成了经典物理学的理论支柱之一，也是日心说取得成功的关键因素。但是，这个原理本身不能证明地球运动的绝对性，它只是说明了，人们过往认为只能用地球静止来说明的经验事实，用地球在运动也完全能够解释。或者换个说法，人们的经验事实对于地球静止不动还是地球在运动这两个观点无法起到判定的作用，它们对这二者来说在逻辑上是等价的。比如“太阳东升西落”和“地球自西向东转动”，对生活在地球上的人而言，引起的经验感知是完全一样的。

因此，伯特认为，无论从哥白尼为什么会提出日心说，还是从日心说为什么被人们接受而言，要理解近代科学这一场伟大的革命，经验事实都不是恰当的出发点。在他看来，只有从思想史的角度入手，厘清那个时代思想变迁的脉络，人们才能洞悉这场革命的本质。伯特指出，哥白尼的日心说体系，实际上是柏拉图主义在欧洲思想中重新复活后的一个产物。我们在第一章中已经述及，柏拉图对“理念的世界”有两个基本的假定，首先它是和谐完满的，其次这种和谐完满体现为一种数学或者几何的和谐完满。当哥白尼游学意大利期间，接触到这种自中世纪晚期逐渐流行起来的“新”思想之后，深为之迷醉，并在随后的天文学理论构建中将其付诸实践。

哥白尼在《天体运行论》中，主要谈及了两个支持日心说的理由，它们无一例外全部来自柏拉图主义。其中的第一个，哥白尼说，地心说之所以不能令人满意，是因为它需要添加太多的本轮和均轮，这让整个体系显得笨拙和累赘，而且在很多本轮和均轮之中，地球都不在真正的圆心位置，所有这些都不符合简单和谐的要求。而这一切随着将太阳放在宇宙的中心，都将得到完美的解决。其中的第二个，哥白尼进一步指出，一个以地球这样丑陋和低级的星球为中心的宇宙，与一个以太阳这样光明和雄伟的星球为中心的宇宙，哪一个更能彰显上帝创世的精湛技艺？答案当然是不言而喻的。所以，“对于哥白尼来说，向新世界观的转变，只不过是在那时复兴的柏拉图主义的鼓舞下，把复杂的几何迷宫在数学上简化成为一个美丽、简单、和谐的体系的结果。”[①] 显然，相对于整个宇宙真实的和谐完美而言，哥白尼更愿意把地球静止不动当成是无能的人类经验的错觉。

不仅日心说的提出是柏拉图主义复兴的结果，伯特把整个近代科学革命都置于这一背景之下来理解。中世纪的宇宙本质上是亚里士多德式的，它不仅是一个球状的封闭世界，也是一个充满等级的世界，一个目的论的世界。每种事物依其本性而在这个世界中占有不同的位置，这个位置也就是该物自我实现的目的。在自由的、无外在干预的情况下，每种事物都会回归本位，譬如轻的上升，重的沉降，这是它们的本性和目的使然。在这样一个世界中，数量并非理解物质和它们的运动的关键，重要的是抓住一个事物的本性和它的目的。因此，人们用来刻画自然的基本范畴是实体、外延、因果性、本质、观念、形式、质料等等这样的词。柏拉图主义带来了理解世界的另一种可能性。它把世界理解为本质上是数学的、均匀的，位置被剥夺了与事物本性之间的关联，每一个位置都是均匀的几何世界当中的一个点，它只是物质某个时刻的空间坐标，而与物质的目的无关。在这个新的世界中，事物的本性和目的不再重要，重要的是

① 伯特：《近代物理科学的形而上学基础》，第38页。

把握事物之间的相互作用,以及把这些相互作用的数量关系纳入一个和谐完美的数学系统。因此,在这样的一个世界当中,力、速度、质量、时间、空间、规律成了刻画自然的关键词。

在伯特看来,近代思想与中世纪思想之间最为深刻的变革,就是柏拉图的世界观取代亚里士多德的世界观。这是理解近代科学革命本质的关键所在。这种世界观的更替带来的后果是:

> 空间被等同于几何王国,时间被等同于数的连续性。从前人们认为他们所居住的世界光彩夺目、鸟语花香,充满了喜悦、爱和美,到处表现出有目的的和谐和创造性的理想,现在则被推挤进入散乱不堪的生物的大脑的小小角落中。真正重要的外部世界是一个坚硬、冷漠、无色、无声的死寂的世界,一个按照力学规律可以从数学上加以计算的运动的世界。[1]

伯特认为,在把一个亚里士多德的实体宇宙变成一个柏拉图的数学宇宙上,哥白尼迈出了关键而且具有决定性的一步,然后经由开普勒、伽利略、笛卡儿等一系列近代著名的人物,在牛顿那里最终得以完成,并且取得了前无古人的辉煌成就。伯特强调了伽利略在把时间和空间数学化过程中的重要地位,认为他在很多方面都为牛顿开辟了道路。牛顿的成功,是因为他在新世界观的指引下"不仅发现了力、质量、惯性这样的概念的精确的数学用法;而且他还赋予时间、空间和运动这样的老词项以新的意义"[2]。有这样的基础,他才能够用一个简

① 伯特:《近代物理科学的形而上学基础》,第202页。

② 伯特:《近代物理科学的形而上学基础》,第18页。

洁的数学方程式把天上和地下所有物体的运动统一起来。所以，近代科学革命的本质是一场形而上学的革命，近代科学是新宇宙论的产儿，而不是它的父亲。只不过，由于牛顿理论的巨大成功，再加上他口口声声宣称“我不杜撰假说”，“这个事实被他的实证主义伪装覆盖起来”[①]，以致现在的人们很难觉察到了。

罗素曾经提起过伯特的这部作品，并且轻率地批评它的目的是想要表明“近代科学里的发现都是从一些和中世纪的迷信同样无稽的迷信中偶然产生的幸运事件，借此贬低近代科学的声价”[②]。一个崇尚并鼓吹自由和宽容的人，竟然因为与对手的观念不同，作出这种无端的评断，令人大跌眼镜。至少，我在伯特的书里没有看到任何想要贬低科学的意图。也许在罗素看来，谈论科学与形而上学的关联已经是一种迷信的行为，而论证科学当中不可避免地包含着形而上学的因素，更不用说就是一种无法原谅的罪过了。罗素还借机指出，重要的不是哥白尼和伽利略持有的观点是从哪里来的，而是它们最终得到了证据的支持。这充分表明他完全缺乏历史感。伯特并非争辩说新的科学理论没有获得证据支持，而是强调，在获得按照罗素们的标准来说的足够充分的证据之前，很多人就已经毫不犹豫地表示了对它的赞赏。这意味着，在对科学理论进行评价的时候，经验事实并不是唯一起到决定性作用的因素。在这一点上，后来的科学哲学思想的发展显然站在了罗素的对立面。

伯特对近代科学革命的解读，在同时代的经验主义

① 伯特：《近代物理科学的形而上学基础》，第18页。

② 罗素：《西方哲学史（下）》，第46页。

者眼中是一种挑衅,但对致力于人类思想历程重建的学者来说,类似的冒险是很值得尝试的。洛夫乔伊在他的名作《存在巨链》中,也有着同样的企图。虽然在很多重要的问题上,像哥白尼的历史地位、近代世界观转换的根本动力、中世纪人们对人与自然关系的理解等等,洛夫乔伊和伯特的观点有着根本性的差异,但在如何理解近代科学革命的这个大的旨趣上,他们二者是同一类人,那些不同属于技术性细节的范畴。

洛夫乔伊是从更为宏大的视角来讨论西方思想史的变迁的,跟近代科学革命相关的内容只是其中一小部分。他认为西方的思想传统中存在一些"单元观念",类似于物质世界之中的原子,它们的内涵在不同时代的扩展以及相互之间的不同组合,构成了每个时代那些主导思想的基础。《存在巨链》中讨论的是洛夫乔伊认为来自柏拉图思想的三个单元观念:充实性原则、连续性原则和充足理由原则。这三个原则是柏拉图在论述宇宙创生问题时表达出来的,由他的晚期作品《蒂迈欧篇》集中体现。三者之中第一个是核心,后面两个可以视为它的推论。柏拉图断言人所栖居的现实世界无疑是由一个至善的存在(也就是神)所创造的。所谓充实性原则,是指神在创造世界时必定无一遗漏地创造出所有可能存在的东西;连续性原则是指神所创造的东西必定构成一个环环相扣、连续不断的巨大链条;充足理由原则指的是但凡有理由存在的东西,神必定不会阻碍它的产生。洛夫乔伊认为,这三个原则及其变体在西方思想的每一个主要时期都起到了相当的作用。希腊人的水晶球世界是在充实性原则指导之下形成的,而16世纪西方近代宇宙观的形成,也同样必须归功于这个原则的指引。

洛夫乔伊淡看哥白尼和开普勒在新宇宙观形成中的作用。他总结了16世纪形成、17世纪末之前已经被广泛接受的"宇宙观上真正革命性的论点",它们从根本上摧毁了自古希腊一直流传到中世纪的宇宙观念,但其中"没有一个是由哥白尼或开普勒的纯粹天文学体系所产生"的。这些革命性的论点总共有5个方面:

> (1)关于我们太阳系中别的行星上居住着有生命的，有感觉的和有理性的被造物的假设；(2)中世纪的宇宙的围墙的毁坏，这些墙是等同于最外围的水晶天，还是等同于恒星，以及这些恒星所扩散到的辽远的参差不齐的地方的某个确定的“区域”；(3)有关像我们的太阳一样的诸多恒星的概念，它们全都或大多数都被它们自己的行星系统所围绕；(4)关于在这些别的世界中的行星上也有有意识的居民居住的假设；(5)对物理的宇宙在空间上的实际无限性，以及包含在这个宇宙中的太阳系在数量上的实际无限性的断言。[①]

这些观点赋予宇宙的那些基本特征与中世纪那个封闭的世界完全不同，它是一个开放的、无限的、充满活力的新天地。那么这样一片新天地是怎么贸贸然进入16世纪欧洲人的精神世界的呢？与伯特一样，洛夫乔伊也从当时复兴的柏拉图主义中看出了端倪。当然，他指的不是伯特钟爱的宇宙的和谐性和完满性，而是基督教神学与柏拉图神秘主义在中世纪晚期合流之后，对充实性原则一种新的理解。这种新理解强调上帝的不可捉摸性，以及其沛莫能御的创造性。既然上帝是万能的，它就不可能故步自封地只创造一个宇宙、一个地球、一个人类，因此必定有无数的太阳、无数的宇宙、无数像人一样的受造物存在于无垠的宇宙当中。洛夫乔伊认为，这种想法至迟在15世纪著名的红衣主教库萨的尼古拉那里就已经出现了；在16世纪，主要由先知式的布鲁诺全力宣扬，在更多时代精英的头脑中引起了共鸣；到17

① 洛夫乔伊：《存在巨链》，张传友译，江西教育出版社2002年第1版，第130页。

世纪晚期,宇宙是无限的想法已经彻底取代了中世界的球形宇宙,并被人们广泛接受。

在洛夫乔伊看来,早期的尼古拉和布鲁诺等人之所以不遗余力地鼓吹宇宙的无限性,是因为他们认为这种世界观是对人类地位的提升,以及对上帝完满性的彰显。那种认为中世纪宇宙的解体意味着人类的中心地位的下降和上帝被从自然中放逐的观念,实际上是18世纪以后,即牛顿的体系取得成功之后,才逐渐产生的。不仅是宇宙无限性思想产生于神学思辨,洛夫乔伊还指出,在整个近代围绕这个话题发生的争论,本质上都渗透着参与者的神学思考和理念。

洛夫乔伊关注的是整个思想史,而不是单纯的科学思想史,因此他并未进一步展开论述新宇宙论与当时更纯粹的科学思想之间的关联,这个工作后来是由柯瓦雷来完成的。柯瓦雷的代表作《从封闭世界到无限宇宙》大致可以视为伯特和洛夫乔伊的综合。他以后者的思想为开头,最终得出了和前者相似的结论。

具体来说,柯瓦雷认同伯特关于近代思想的变迁是世界观的革命的观点,它始于人们对时间和空间的重新理解,终于二者的完全数学化,但是柯瓦雷的抱负比伯特的略小,他侧重于讨论空间的数学化问题,因而他的论述更集中,也更清晰有力。除此之外,在两个重要的方面,柯瓦雷也与伯特不同。

第一个方面,柯瓦雷与洛夫乔伊的主张一致,认为宇宙无限性的思想为近代那些精英人物重新理解时间和空间问题提供了可能性,而这种思想首先是由神学家和哲学家们带来的,并非出自像日心说这样的天文学体系。

第二个方面,在伯特那里,时间和空间的数学化进程差不多是一种线性的演进,随着近代那些著名的哲学家和科学家不断为其添砖加瓦,最后在牛顿那里聚沙成塔。而在柯瓦雷的笔下,这却是一个回环往复的过程,绝非一蹴而就,其中的艰难险阻一言难尽。由于"所涉及的问题过于深刻,解决方案的内涵又太过深远和重要",以致"障碍重重,险象环生"[①]。

造成这种局面的原因很简单,它是科学在从神学和哲学的母体中分娩出来时必须承受的阵痛。一方面,就像尼古拉和布鲁诺已经表明的那样,神学和形而上学的思辨是近代思想家们用来开辟新道路的有用工具,而且他们必须顾及自己和别人的宗教感情,因此他们的论述不能不频繁地指涉上帝;另一方面,这些时代精英并不想让自己构建的新世界成为上帝展示奇迹或其他神秘力量的另外一个场所,因此他们不得不对上帝在其中的行为作出种种或明或暗的限制;此外,如果自己的理论中碰到无法解决的障碍,他们之中所有人,包括大名鼎鼎的牛顿,都会毫不犹豫地通过宣称这属于上帝的最高隐秘来解决问题。这样一来,他们就只能在一条逼仄而崎岖的窄缝中艰难前行,奋力去挖出一条也许一片光明也许根本就没有未来的道路。也正因为如此,我们能够在近代思想家当中看到种种明显的自相矛盾之处,他们总是从上帝出发,但是得出的结论是上帝的位置晦暗不明;然后他们竟然信心十足地宣称自己才是护道者中最忠实、最虔诚的一个,彼此相互指责自己的那些论敌正在散布最为邪恶的无神论。柯瓦雷在他的书中原汁原味而又生动有趣地呈现出了这个画面。

15世纪便出现在人们视野中的宇宙无限性思想并未立即引起人们的欢呼。就其天文学体系而言,哥白尼从未认真想过要打破自亚里士多德以来一直就主宰人们世界观的球形宇宙。主要基于宗教上的原因,开普勒断然地拒绝了宇宙无限性的可能性。因为他无法把一

① 柯瓦雷:《从封闭世界到无限宇宙》,张卜天译,北京大学出版社2008年第2版,第2页。

个布鲁诺的世界，构建成一个令他满意的能够表征神圣三位一体的上帝的数学模型。而近代物理科学的奠基人伽利略在这个问题上也是暧昧不明的。“他好像还没有胸有成竹，或者尽管倾向于宇宙无限，却认为这个问题似乎无法解决。”[①] 不过，与伯特一致，柯瓦雷认为他在落体定律以及惯性定律方面的研究是开创空间几何化的范例。

柯瓦雷认为，在把布鲁诺充满活力的无限宇宙转化为一个纯粹广延的数学空间的过程中，笛卡儿起到了决定性的作用。笛卡儿的上帝赋予了人们的理智若干自明的原则，依据这些原则他们就能认识同样是由上帝创造的真理。他本人在理智中洞察了一个纯粹的数学世界，它跟柏拉图的理念世界非常相似。今天的人们不太容易理解笛卡儿的空间观(即物质是无限广延的)，因为我们直观上习惯的是他的对手牛顿留给我们的空间观。笛卡儿的空间不是“空的”，而是一种特殊的实体。简单来说，今天人们熟悉的三维坐标系向三个维度的无限延展就是笛卡儿的空间。但是这种延展不仅仅是数学意义上的，而且是物理意义上的。也就是说空间像是一个完全透明的立体水晶方块，它不是一个纯粹的容器。根据自己的空间理论，笛卡儿得出了一个必然的结论，宇宙是统一的，古希腊人固执地认为天与地绝对不同，完全是错误的迷信。对于试图建立一个普遍的数学原理的近代思想家来说，这当然是非常重要的一个结论。

按柯瓦雷的研究，在从笛卡儿通向牛顿的道路上，

① 柯瓦雷:《从封闭世界到无限宇宙》，第85页。

摩尔扮演了一个非常重要的角色。这个充满神秘主义色彩的柏拉图主义者在哲学史上的地位非常微不足道,一般的哲学史作品几乎不会提到它。摩尔是最先接触笛卡儿思想并深为之吸引的英国人,他所起的作用一是向他的同胞介绍了笛卡儿,二是他改造了笛卡儿的空间观念。摩尔把实体从笛卡儿的空间观念中擦掉了,把它变成了一种属性——当然它归属于上帝,它跟具体的物质无关,而只是盛装万物的纯粹的"空"。笛卡儿理论中不允许出现的虚空,在摩尔看来也是必需的。因为摩尔认为,笛卡儿无限广延的空间会把上帝驱逐出整个宇宙之外,而失去容身之所。在把空间视为一种真正意义上"空的"容器之后,柯瓦雷认为,摩尔的观点必然带来这样一个结论:"物质在空间中是可以运动的,并且凭借其不可入性而占据空间;空间本身并不运动,无论其中有无物质都不会受到影响。"[①] 这基本上已经是牛顿的思想。

牛顿接受了摩尔的空间观念,并在此基础上详细阐述了绝对时间和绝对空间,我们在上一章介绍马赫思想的时候已经简要进行过介绍。因此,牛顿眼中的宇宙,是一个引入了时间维度的柏拉图世界,其中物体的运动能够严格表征为量之间的数学关系。然而,时间维度的引入,使得这个新的世界不再是原本那个理念的世界,运动而不是静止成了事物存在更为基本的状态,除了至尊的上帝,万物都处于运动之中。质量是质的数量,它从质(也就是实体)中被彻底分离出来,运动从此不再跟质相关联,而只是与质量相干。因此,牛

① 柯瓦雷:《从封闭世界到无限宇宙》,第115页。

顿把他的理论定位为对物体相互作用的说明，而断然否定了人们追求所谓终极因的可能性。

柯瓦雷得出的结论是，到牛顿为止，近代世界观的变迁已告一段落。但是，人们关于时间和空间本性的思考并未停止，贝克莱和莱布尼茨基于各自的神学理念，都对牛顿的绝对时空观发起过凶猛的攻击。不过，他们都不能提供一个比牛顿的理论更有用的替代物，所以他们的攻击注定只会在铺天盖地地对牛顿的颂扬声中逐渐消失。从这一点来看，马赫对绝对时空观的批判并不新颖，它们最早可以追溯到贝克莱和莱布尼茨。

伯特、洛夫乔伊以及柯瓦雷的观点尽管各有侧重，论述也不尽相同，在对历史和那些代表性人物思想的解读上也存在很大差异，但是对于科学和科学的发展，他们之间的共识也是显而易见的。概括起来，他们的共识归结为以下两个方面：

第一，他们都赞同，近代科学受益于世界观的改变，这种改变的本质是中世纪亚里士多德实体性宇宙论向柏拉图数学性宇宙论的迁移。(当然，这种迁移不是机械的复制。)人类思想史运动的真实面目是后者构成了前者的基础，而不是像人们通常认为的那样是倒过来的。近代科学的兴起之所以可以被称为“革命性的”，就在于它的宇宙论基础发生了颠覆性变化。近代科学是人们用来描述新世界的工具和手段。

第二，科学知识是人类知识体系中的一个部分，它的成长离不开其他的文化资源，其中必然包含某些被人们遗忘的形而上学假定。正像柯瓦雷所言：“无限宇宙当然是一个纯粹形而上学的学说，它也许可以(事实上也确实可以)构成经验科学的基础，但却绝不可能基于经验论之上。”[①] 在宇宙大爆炸理论正式被接受之前，无限宇宙一直被近代科学革命之后的人们理所当然地作为事实来看待。但是这个所谓的事实，是近代的神学家、哲学家、科学家们共同推断出来的，这种推断只是理性的断言而非经验的论证。其过程人们筚路蓝缕、历尽艰辛。

这两个方面的共识是通向库恩“范式”思想的重要一步。除此之外，他们的思想中其实已经隐含着“不可通约性”的观点，关于这一点我们下一节再加以详细说明。

1957年，库恩出版了《哥白尼革命》。这本书是库恩根据他在哈佛大学科学通识课程上的讲义编撰而来的，它既是一本不错的天文学知识入门读物，也兼具科学思想史研究的特性。从旨趣上来说，库恩在其中表现出来的与上述三位前辈没有什么不同。只是从题目上我们就能看到，本书的主题集中在哥白尼身上，因而它对历史细节的把握更加丰富，对日心说产生及传播过程中的种种问题的研究更加细致。库恩用一种折中的方式来处理伯特和洛夫乔伊关于哥白尼定位的分歧。他认为，争论哥白尼是古希腊天文学最后一位集大成者，还是近代天文学的开山祖师，不可能得出一个谁是谁非的明确结果。把天文学研究看成一条大路，这条路在近代转了一个很大的弯，哥白尼就站在弯道的顶点上，无论从路的哪一头都能看到他。

库恩非常明确地指出，哥白尼革命的成功，是多方面合力的结果。经验事实在其中只是一个因素，甚至说不上是决定性的因素。其中的关键是，“观察从不会与一个概念图式绝对地不相容”[②]，也就是经验事实可以根据不同的理论进行重新解释和表述，就像我们已经反复举过的“太阳东升西落”的例子所表明的那样。因而，

① 柯瓦雷：《从封闭世界到无限宇宙》，第53页。

② 库恩：《哥白尼革命》，吴国盛等译，北京大学出版社2003年第1版，第72页。

“哥白尼革命的故事就不仅仅是一个关于天文学家和天空的故事”[①]。这是他从科学思想史传统中继承而来的结论,也是他开创科学革命论的事实基础。用好莱坞惯用的商业模式来说,《哥白尼革命》是《结构》的“前传”。

2. 范式与不可通约性

历史风格如此明显的《结构》之所以能被人们堂而皇之地当作一本哲学作品来读,并非只是因为其中提出了一种科学发展的新模式,也就是众所周知的“前科学——常规科学——危机——科学革命”的循环往复;而是作者通过这种模式,把暗含在科学思想史前驱们的作品中的那种与逻辑经验主义针锋相对的立场明晰化了。用拉卡托斯那句名言来说,《结构》深刻揭示了什么是“没有科学史的科学哲学是空洞的”。在库恩看来,逻辑经验主义口口声声拒斥形而上学,但是它脱离历史事实,试图把科学抽象为“恰当的逻辑方法加上客观经验事实”的做派,这才是真正的形而上学。

在深入讨论库恩的思想之前,概要谈谈“革命”这个概念是非常必要的。科恩在后来的《科学中的革命》中,曾经细致梳理过“革命”一词在西方思想中的源流,虽然冗长倒也不是毫无趣味。我们在此并不打算做同样的事情,因为这既超出了作者的能力,也偏离了本书的主旨。我们只是根据库恩在《结构》中对“革命”一词的阐述,进行两点澄清性的说明,以消除人们在阅读《结构》和理解库恩的思想时可能碰到的障碍。

① 库恩:《哥白尼革命》,第75页。

首先，库恩使用“革命”表达了科学理论在革命前和革命后发生的是颠覆性、根本性的变化。他把科学中的革命与政治上的革命进行类比，强调的就是这个意思。也就是说一项科学新发现或者一个科学新理论是否称得上革命，关键是看它是否引发了其所在领域的基本知识体系和规范制度的重构。至于说它是否引人注目，是否意义深远，既不是判定革命的必要条件，更非判定革命的充分条件。就像不久前关于引力波的发现引起了很大轰动，也有不少报道把它称为“革命性的”，但这个词更多只是修饰语，人们用它来说明引力波的发现具有非凡的意义。引力波的发现不是库恩意义上的“革命”。他甚至认为，科学中的革命与政治革命完全不同，后者常常伴有明显的暴力和社会动荡，而前者通常是在不知不觉中完成的，是真正的“和平演变”。其次，库恩在《结构》中明确提到，革命为科学的进步开辟道路。也就是说，革命会催生一种比原来更好的状态。然而“进步”“好”这样的词语具有极大的含混性，对此不仔细加以分辨，会极大地误解库恩的思想。一般地，当人们说新理论比旧理论“好”和“进步”的时候，其实包含两个方面的意思，一是前者比后者更有用，二是前者比后者更加真实、更加接近自然的真相；而库恩在《结构》中所说的进步，并不包括后面的那层含义。这是一个极其重要但通常会被忽略的细节。(库恩在1969年《结构》的新版“后记”中，着重强调了这一点，虽然在正文部分，这个意思表露得相当明显。)

由于脱胎于讲义，《哥白尼革命》内容的丰富性要大于它的明晰性，不过与《哥白尼革命》相比，《结构》在明晰性上还要逊色不少。《结构》的文风并不晦涩，但上述问题增加了把握其要点的实际难度。具体来说，库恩在《结构》中意在论证如下两个相互联系的观点。第一，科学研究的实际过程不可能还原成像逻辑经验主义者设想的那样，是科学家按照某种既定的方法论原则在经验事实中精挑细选出正确的部分，从而形成客观的、接近自然真相的科学知识体系的过程。科学家从事科学研究，是在既定的世界观(其通常由形而上学的假定构成)

的指导之下,从经验事实中筛选出适合于这种世界观的部分,从而实现对其描述和刻画的过程。第二,科学的进步无法通过逐渐的累积来实现,而必须依靠革命来达成。革命的本质是一种世界观对另一种世界观的颠覆,或者说一些形而上学的假定取代另一些形而上学的假定。革命之所以发生,以及失败或是成功,不仅依赖于逻辑和事实,还依赖于特定的社会文化和人们的主观心理因素。

"范式"这个概念是用来论证上述两个问题的核心,但是库恩并没有明确地给它一个完整的定义。这大概就是历史学家和哲学家在风格上的差异的体现。库恩更多的是以说明它的功能来代替给它下定义。这是导致很多批评者指责他对这个概念的使用非常随意的根源。有鉴于此,我们也不纠结于"范式是什么"这个问题,而从"范式的作用是什么"出发,来把握《结构》的主题思想。库恩有一个有趣的类比,他说科学研究在本质上是一种"解谜"活动,这是理解范式的作用的最佳切入点。

既然是解谜,人们首先得知道谜题是什么,以及解决这个谜题是有价值的。范式最重要的一个功能就在于此,它给从事科学实践的人提供其所在的领域的一个总体的概念图式,告诉他们其所面对的世界大致是一个什么样子,什么是值得研究的现象,并且研究这些现象的基本思路是什么。我们可以称之为"世界观功能"。(值得一提的是,库恩显然认为范式这一最重要的功能常常是隐而不露的。)库恩说,如果人们对下面的问题一无所知,"有效的研究是很难开始的":

宇宙是由什么样的基本实体构成的?这些基本实体是怎样彼此相互作用的?这些基本实体又是怎样与感官相互作用的?对这些实体提出什么样的问题才是合理的?在寻求问题解答中应使用什么样的技术?[①]

这意味着,科学家在进行科学研究之前,头脑中业已存在某些先在的概念框架和指导原则。问题是,这些东西最初是怎样进入人们的头脑之中的呢?

库恩的答案和波普尔的完全一样：它们来自人们的直觉和猜想。换言之，科学理论当中必然包含形而上学的假定，没有这些假定，科学的实践就无法开展。就像18、19世纪的人们把绝对时间和绝对空间视为理解世界的基本范畴，但是这二者本身既不是人们对真实世界的反映，也不是人们对经验事实的概括，它们其实是更早的人们在神学和哲学的争论中建构出来的。因此，拒斥形而上学的最终的结果是人们完全无法理解整个科学史。

头脑聪慧的读者看到这里，肯定会发现一个对库恩思想的强有力的反驳。他们会这样提出问题：库恩和柯瓦雷们说得的确很有道理，离开了形而上学人们无法理解近代科学革命和18、19世纪的科学发展史，但是这不表明科学必然无法避免形而上学的假定；之前之所以是那样的，是由于人们的认识还不够深入，一旦人们对自然的理解达到一个很高的程度，科学是能够彻底摆脱形而上学的假定的，就像20世纪的物理学不是已经完全摆脱了绝对时空观的形而上学束缚了吗？这看上去是一个锐利的反击，不过也仅仅是看上去。绝对时空观当然是一个假定，人们没有必然的理由接受这样一个假定，但是同样的道理，人们其实也没有必然的理由抛弃这样一个假定。认为绝对时空观成立，还是断定时空是相对的，从逻辑上来说是等价的，后者并不比前者有更多的事实基础，也就是说认为时空是相对的，也不过是另外一种形而上学的假定而已。

提出上述反驳的人估计会立即回应说，这不过是一

① 库恩：《科学革命的结构》，金吾伦等译，北京大学出版社2012年第2版，第4页。

种诡辩,当代物理学的进展——不管是黑洞还是宇宙大爆炸等都充分证明了时间和空间的相对性的正确性,它绝非只是一种形而上学的假设。这个回应是毫无道理的,它完全颠倒了物理学发展的因果链条。宇宙大爆炸、黑洞等都是在人们抛弃绝对时空观的基础上建立起来的,它们要是不能证明时间和空间的相对性,而是证明了时间和空间的绝对性,那才是咄咄怪事。正像在18世纪和19世纪,人们也都信誓旦旦地认为每一个科学发现都证明了绝对时间和绝对空间的存在一样。浸润在一个范式中的人,很难设想会出现一个跟自己理解的世界完全不同的新世界。今天的人们无法想象一个非相对论时空的新世界是什么样子,13世纪的欧洲人也无法想象一个地球是在运动的新世界是什么样子。但是,从逻辑上来说,一个完全不同的新世界是可能的。

库恩的范式理论之所以产生了巨大影响,在于它恰如其分地反映出了人类认识境况的尴尬和无奈。人不是宇宙的总设计师,传说中的神才是,因此没有人知道宇宙的真正面目是什么。人类对自然的理解,永远处于摸着石头过河的状态,而不是按图索骥。人们只能预先猜测世界是什么样的,然后再来印证它是不是正确。库恩说范式是一种世界观,表达的就是这个意思。人只有大体假定这个世界是什么样子,才能够去"按图索骥",才不会迷失在经验感觉的乱流之中。库恩用范式,比蒯因和迪昂更简单、更形象、更准确地说明了"整体论"是什么意思。科学知识,不是单个的经验事实的陈述的堆积,它是一个整体,是人们依照心目中对这个世界的猜想,把经验事实按照理论有机组织起来的一个系统。因此,与其说科学知识是对自然的描述和反映,不如说科学知识是把得之于自然的感觉经验用来构建人类心灵中对这个世界的设计。

库恩的这种说法有点类似拼图游戏,不同的是人们日常玩的拼图游戏有一张正确的原图,而科学家的手里没有这样一张关于宇宙的原图,只有他们大致猜想出来的轮廓。人们感官收集的经验事实就像一张张凌乱的碎片,科学家们想要尽可能地将这些碎片按照那个猜想出来的轮廓拼接起来,构成一张完整、漂亮、简洁的图片。当然，说范式中包含的形而上学假定只是猜想，并不意味着它是任意、毫无根据和逻辑的胡编乱造。猜想也是人们在付出极大的心智和汗水之后才能够渐渐成型的，柯瓦雷关于近代空间观念形成的追溯，入木三分地揭示了这一点。

当谜题和它的价值得到确认，接下来的问题就是如何解谜了。因此，范式的第二个功能，就是为科学家从事科研活动提供理论基础和方法论的指导原则，让他们沿着明确的方向去寻找合适的拼图碎片，把范式中那个理想的世界建设得更加完善和精致。我们将之称为“规范功能”。当一个范式逐渐为科学共同体接受之后，它就稳定下来，科学进入了“常规”阶段。在这个阶段，科学家的主要职责是如何使基本概念更加明晰，如何更有效地处理问题，如何提升理论的完备程度和逻辑自洽性，以及如何让理论的预期更加精确，等等。也就是说：

> 无论在历史上，还是在当代实验室内，这种活动（指常规科学研究——引者注）似乎是强把自然界塞进一个由范式提供的已经制成且相当坚实的盒子里。常规科学的目的既不是去发现新类型的现象，事实上，那些没有被装进盒子内的现象，常常是完全（被）视而不见的；也不是发明新理论，而且往往也难以容忍别人发明新理论。相反，常规科学研究乃在于澄清范式所已经提供的那些现象与理论。[①]

① 库恩：《科学革命的结构》，第22页。

在常规科学阶段,范式对科学家的研究活动具有较强的指向和约束。人们会集中注意力去解决他们认为是重要的问题,而反常现象只会被当作系统的偶然噪音而被忽略掉。当古希腊人确定头顶的星空是和谐圆满的之后,后来的天文学家主要的使命就是如何让他们构建的天文体系中的各种轮子运转得更加均匀圆润。不时莽撞地窜入他们视野的彗星,则完全被排除在天文学研究的范围之外。只有在近代,人们逐渐取消了天与地的绝对界线之后,彗星现象才成为了天文学正当的研究对象。

同样,在地质学发展的早期,由于受到《圣经》中记载的大洪水的影响,人们更倾向于把水理解为地质演化的主要作用力,所谓"水成论"就是这么来的。这种思想的影响持续到19世纪中期,在这期间人们一直不太看重地震、火山这些并不罕见的自然现象对地质演化的作用。

相应地,在整个18世纪,博物学被目的论所主导。生物被视为按照特定的目的被创造出来以适应现象,即生物体的结构和功能与它生活的环境相匹配,被认为是这种观点最为有力的证据。因此,那时候的博物学家忙于从生物的性状、结构、功能出发,来解释生物在一个庞大的造物计划中应该具有什么样的位置。这一时期,最了不起的博物学家的名头落在创建出严整的自然分类系统的瑞典人林奈身上,一点也不令人奇怪。在林奈的眼中,整个地球像是一个秩序井然的博物馆,每种生物都依其特性而享有其中的一个储物柜,还有比这更能显示出造物者的仁慈、善良和充分的计划性的吗?变异,以及跟变异有关的遗传问题,在这样的范式当中没有任何地位可言,虽然它们每天都在人们的眼皮底下出现,但是却无法引起人们哪怕只是多余的一瞥。19世纪中期,达尔文抛弃了目的论,生物的适应不再被看成是一个无上的设计者为了达成他的目的而设计出它们的原因,而被视为自然界生存斗争的偶然结果。这时候,变异才会真正成为值得重视的问题,遗传的机理才会得到真正的研究。因为,如果不能从遗传的角度阐明变异的机理,达尔文的自然选择理论就缺乏一块重要的基石。不能不说，库恩的范式理论具有强大的解释能力，人类知识体系中的各门学科都能成为它适用的对象。

虽然在常规科学期间，科学研究算是高度确定性的活动，也能够发现其中遵循某些明确的原则，但是按照库恩的观点，逻辑经验主义苦心孤诣想要寻找的规范、普适的科学方法，在这种情况下也是没有的。在一个稳定的范式之中，人们提出问题、解决问题基本上遵循一致的原则和方法，也的确有客观的标准能够对两种不同的结果进行评价，以决定取舍。不过，总有些东西是无法诉诸具体的文字的，一旦它们被写成明确的条文，总会有人提出反对意见。科学家“能够同意确认一个范式，但不会同意对范式的完整诠释或合理化”[①]。库恩说这就是他用“范式”而不是“规则”来描述科学实践的原因。

科学知识在常规阶段大致是按照累积的方式来实现增长的。科学家总是把那些他们认为行之有效的方法和技巧穷尽到令人惊叹的程度，也总是尽可能发明各种复杂、精致的观测仪器来实现对研究对象细节的完美呈现。这些成就反过来会大大强化和巩固范式的地位。不过正所谓“物极必反”，这其实也为范式被颠覆埋下了伏笔。

解谜不是一蹴而就的事情，同类型的谜题无穷无尽，有谜题就需要解谜的人。范式的第三个功能就是培养合格的后继者。我们不妨称之为“驯化功能”。《结构》中有关这个话题的部分含混而且模糊，让人忍不住认为库恩正在向神秘主义的方向滑进。范式似乎完全变成

① 库恩：《科学革命的结构》，第37页。

了一种只可意会不可言传的东西，令人难以捉摸。按库恩的说法，范式非常奇妙，它并不完全显现自身。它包含的形而上学假设，要么被人们错误地当作事实掩盖了其本质，要么就深深地隐藏在科学家的研究实践中。因此，范式对于后继者的驯化往往不是通过灌输明确的规则来实现的，而是通过教师的言传身教及学生的实际操作的方式代代相传的。库恩举例说：

> 如果学习牛顿动力学的学生的确发现了像“力”“质量”“空间”和“时间”这些词的意义，那么，他并非是从教科书里虽然有时有帮助但并不完整的定义中学到的，而是通过观察和参与这些概念应用于解决问题的过程中学到的。[①]

从这个例子来看，后来者是在潜移默化中接受范式的那些教条的，或者用休谟的话来说就是“习惯”。学生们的成长，无论在书本中学习知识，还是在实验中操作仪器，在观察中熟悉对象，在研究报告的撰写中厘清思路，在阅读经典文献中体悟如何完成一个具体的项目，从根本上看都是被范式驯化的过程。习惯一经养成，人们就会按部就班地去思考问题和解决问题，而不会刻意去问这样做是否合理。在一个既定范式当中成长起来的人，通常会在不知不觉当中成为这个范式的忠实维护者，他不仅会用尽可能丰富的经验事实来为它添砖加瓦，更会在它遭受攻击时自觉地去捍卫它。人们在习惯用一种方式看世界之后，很难再相信还有另外一种看待世界的可能性。近代那些反对日心说的人，20世纪早期

① 库恩：《科学革命的结构》，第39页。

那些反对相对论和量子力学的人，19世纪反对达尔文的人，都是如此。

以上介绍的“世界观功能”“规范功能”“驯化功能”这三个方面，肯定没有完全涵盖库恩的范式思想所包含的内容。但讨论到这个程度，对于实现本书的意图来说已经足够。综合这三个方面的内容来看，库恩眼中的科学发展史必然是由大大小小的各种革命构成的。革命的本质，就是一个范式对另一个范式的颠覆。只有通过革命，科学的进步才能成为可能。

库恩为什么说革命是必然的？说到底，根源在于范式虽然具有世界观功能，但是这个世界观的核心承诺不过是一些形而上学的假定，既然是假定当然就有被人们拒绝的理由。纵然它们会被遮蔽，纵然它们会驯化很多的支持者，但是它们迟早会迎来人们的批判和清算。中世纪水晶球的溃散，20世纪绝对时空观的破灭，都说明了这一点。

尽管库恩认为革命在科学发展中是常态，但是这并不意味着他认为革命的发生就像家常便饭一样容易。一个范式归化的经验事实越多，人们对它的信心越足，去挑战它的理论预设的可能性就越低，尤其是这些预设实际上已经被人当作事实来接受的时候更是如此。库恩认为，只有当反常（即范式无法解决的问题）积累到足够多，从而使它面临危机时，革命才有可能发生。大体来说，人们对旧世界观中的那些信条产生怀疑以及去寻找新的替代品的冲动，有三种情况。

之前我们说到，科学家手里并没有一幅宇宙的原图，他们只有一幅猜想出来的草图。按照预期，这幅草图最后会是一幅漂亮、完美的名作。随着这张图上的线条越来越多，人们发现它越来越像一幅涂鸦，与理想中那幅名作越来越远，人们就会感到失望，就会产生把它撕掉重做的念头，于是革命就发生了。哥白尼的日心说就属于这种情况。这种情况，在库恩看来，恰恰跟旧范式中的人们追求精确性有关。到中世纪晚期，为了更加准确的描述行星运动，人们在托勒密体系中添加了越来越多的本轮和均轮，结果让它变得过于烦琐和累赘。哥白尼在犹豫中决定放弃对它的维护而另起炉灶，从此将科学的发展领向了另外一条道路。

第二种情况，一幅给定的草图能够归化的经验事实其实是有限的，就像一幅西洋画，不会出现水墨山水的中国风。然而，人的经验范围是不断扩展的，当最开始与草图不一致的事实不太多的时候，人们觉得它们被忽略是可以接受的，但是随着这类事实越来越多，人们就不得不觉得重新画一幅草图是有必要的。达尔文之所以摈弃旧有的理论，一个重要的原因就在于用它来解释一些物种微小的变异是令人难以信服的。

还有一种情况，最开始的草图其实是有瑕疵的，只是人们没有注意到而已，后来虽然注意到了，但想尽办法之后，这些瑕疵不仅没有被成功修复，反而成了一个令人注目的破洞，这就不得不重新画一幅新图了。也就是说，范式中存在逻辑上的不自洽，人们在这个范式当中无法解决它，因此才会去寻找新的替代品。科学史当中，举凡重大的科学革命都有这个因素存在。

科学革命的颠覆特性，决定了革命前和革命后的理论从根本上来说是完全不同的。库恩使用“格式塔”式的心理学转换来对之进行类比。如果说革命前人们是正常看世界的话，革命后人们似乎是戴上了一副颠倒镜，整个世界都完全不同了。问题是，如果说范式具有驯服的功能，被驯服的人们为什么会愿意戴上一副新范式的眼镜呢？从人们一般对科学的理解来看，库恩对此的回应是出人意料的，但从他的范式理论来看，这种回应倒也合情合理。

库恩首先明确表示，科学中新旧范式的交替是无法用逻辑和经验事实来进行判定的。他对赖欣巴哈和波普尔两种不同的科学合理性观点进行了扼要点评，他的点评与我们上一章的相关讨论相比，没有更多的内容，略去不提。他的结论是，新理论取代旧理论，不能简单地说是因为新的比旧的有更高的置信度，同样也不能说是因为旧的被新的所证伪。其中的道理在于，新旧两个理论之间是不可通约的，生活在两个范式中的人就像生活在两个完全不同的世界之中，他们对经验事实的理解不一样，从经验事实中观察到的东西也不一样。

他们没有一套能够让双方都接受的标准。所以,只有接受了同一种范式的科学家,才可能就一个事实是否证明了某个结论达成共识,而对接受了不同范式的科学家来说,他们之间是无法有效地讨论"证明"还是"证伪"的。虽然不同范式中的人们有可能使用一些相同的词汇和仪器,但是这些词汇的意义并不相同,他们从仪器中看到的东西也不一样。就像一个宗教信徒和一个无神论者,对于每天太阳的东升西落,前者看到的是上帝的仁慈和其对万物的关爱,而后者看到的只是一个毫无目的的纯粹的往复运动。对这两种都基于同样经验事实的观点,是无法找到一个让双方都共同接受的标准来进行对或者错的判定的。

在中国,一个具有现实性的例子是中医和现代医学之间的争论。自20世纪末期以来,有部分国内的医学者致力于所谓的"中医科学化",以解决中医和现代医学科学之间的冲突问题。但是,这既没有得到体制内的现代主流医学界的认可,也没有获得那些坚定相信中医本身就是一整套完备的医学体系的人们的好感。一只鸡和一只鸭杂交出来的东西,既不是鸡也不是鸭,而是一只不伦不类的怪物。

如果一个新范式既不比旧范式有更高的可信度,也不能证明旧范式是错的(不能不说,库恩的《结构》一书的确很混乱,在有些地方他明确地说新范式证明旧范式错了,但如果按照这种说法,他的整个理论就是不自洽的),那么它凭什么能取代旧范式呢? 库恩认为,这主要因为两个方面。首先,新范式虽然不能证明旧范式是错的,但一般来说新范式比旧范式能归化更多的经验事实,也就是它解释和预测的适用范围更广。从这种意义上来说,库恩认可新范式比旧范式更好,更有用。其次,库恩强烈地表示,新范式能实现对旧范式的颠覆,不是战而胜之,而仅仅是因为信奉新范式的人通过代际更替,成了科学共同体的新主宰。他的意思是,一个范式成为一个阶段科学的主导,不是说它就一统天下,没有了其余不同观点和主张的立锥之地。总有些与主流的范式不同的新思想慢慢成长,当其中一种新思想的吸引力足够大、吸引的人足够多,而主张旧范式的老一代几乎凋零之后，范式之间的更替就完成了。

所以，库恩眼中的科学革命是一种静悄悄的和平演变，迟钝的人甚至不会觉察到，人们曾经生活在不同的世界之中。库恩饶有趣味地引用了两位著名科学家的话来支持自己的主张：

那么，科学家是怎么完成这种转变的呢？部分答案是：他们经常不能。在哥白尼死后近百年，哥白尼学说几乎没赢得几个信徒。《原理》一书出版后半个多世纪，牛顿的研究尚未被普遍接受，尤其是在欧洲大陆上。普利斯特列从未接受过氧气理论，开尔文勋爵也从未接受过电磁理论等等，不胜枚举。科学家自己也常常注意到这种转变的困难。达尔文在他的《物种起源》结尾处，有一段极有洞察力的话："虽然我完全相信此书观点的真理性……，但是对于观点与我完全相反的博物学家，我并没有期望能使他们信服，他们的心目中已充满从他们的观点去观察到的事实……但是我有信心面对未来，面对那些年轻的、正在成长的博物学家，他们将能毫无偏见地去看这个问题上的两种观点。"而马克斯·普朗克在他的《科学自传》中回顾自己的生涯时，悲伤地谈到："一个新的科学真理的胜利并不是靠使它的反对者信服和领悟，还不如说是因为它的反对者终于都死了，而熟悉这个新科学真理的新一代成长起来了。"①

柯瓦雷在《从封闭世界到无限宇宙》中有一句名言，大意是说，一个哲学家永远不会被另一个哲学家说服。

① 库恩：《科学革命的结构》，第126页。

上面那段话表明，在库恩看来，这种情况不限于哲学家之间，信奉不同范式的科学家也一样。因此，库恩把范式中的科学家与宗教中的信徒进行了类比——这显然出乎一般人的意料。在他看来，一个接受了某个范式的科学家，跟一个接受了某种宗教信仰的教徒一样，都是内心的皈依。改宗的行为在宗教徒身上很难出现，同样，一个科学家在一生当中也常常只会对一个范式从一而终。

在《结构》一书中，除了饱受诟病的范式概念的混乱使用之外，"不可通约性"究竟是什么意思受到了最多的质疑。严格说来，虽然早期的科学思想史学者没有使用这个词语，但库恩借以表达的意思已经部分包含在他们的思想之中了。按照伯特和柯瓦雷的观点，时间、空间、运动等基本词汇在近代科学和中世纪的科学中都有，但是人们是在完全不同的意义上使用它们的。以重物的自由下落为例，中世纪的观念是物体在本性的驱动下向它既定目的的回归，而近代的观念是物体在引力作用下的加速运动。人们眼睛中的视觉图像是相同的，但是对该图像的理解则有很大差异：中世纪的人们在其中看到了物体的本性和目的，而近代的人们只是看到了万有引力。这表明，理论当中的一些基本理论词汇是被整个理论所隐含定义的，它们并不能脱离整个理论的语境而孤立地加以解释。因此，新旧范式之间的词汇虽然有些看上去是一模一样的，但却无法相互置换。在《结构》中，这是不可通约性表达的第一层意思。这层意思相对和缓，受到的批评并不多。

然而，库恩用不可通约性还表达了另外一层更加强硬的含义：由于新旧范式之间的不同是世界观的根本性差异，因此新范式是对旧范式的绝对颠覆和排斥，而不像人们一般认为的那样，新理论是对旧理论的包容和吸纳，也就是说旧理论中的合理成分在新理论中得到了延续。他采取这种强硬态度，是想彻底置累积主义的观点于死地。因为，人们一旦认为新范式并非对旧范式的彻底抛弃，而是有某种延续和继承，那就说明科学活动中的确是存在某些普遍的规范和基础的，这将动摇库恩的科学革命论的根基。库恩在撰写《结构》时，显然已经预感到了这个强硬观点将会遭受的炮火，所以他预先讨论了相对论与牛顿体系之间的关系来作为防火墙。

库恩认为，相对论和牛顿体系是根本不相容的，就如哥白尼体系与托勒密体系一样。实证论者对此有两个可能的反驳，一个是他们认为牛顿力学到今天仍然有用，另一个是牛顿力学可以被视为相对论的一种极限情况。但库恩不认为这样的两个反驳有什么合理性。他用一种嘲笑的口吻说，如果第一个反驳能够成立的话，那么人类历史上所有曾经出现过的理论都可以用这种方式来为自己辩护。因为只要出现过的理论，肯定在某些范围内都是有用的。只要愿意，人们甚至能够据此推出巫术和科学是相容的结论。关于第二个反驳，库恩首先承认，只要进行某些合适的操作，人们确实能够从相对论中推出与牛顿体系形式完全一致的陈述体系，我们姑且把新推出的体系记为X体系。他接着争辩说，我们难道能够因为X体系与牛顿体系在形式上相同，就认为它们完全一样吗？答案当然是否定的，因为它们除了形式相同外，实质根本不同，X体系内的时间、空间、质量仍然是相对论的，而不是牛顿体系的。因此，库恩认为试图以此来证明相对论和牛顿体系相容是站不住脚的。

尽管已经考虑到了不可通约性的强硬路线可能遭受攻击，并且也已经作好了承受攻击的准备，但炮火的猛烈程度仍然超过了库恩的想象。他后来在这个问题上有点"退缩"，但我认为，从其理论逻辑的完整性来看，库恩应该始终如一地强硬到底。不可通约不是不可理解、不可翻译，而是不能互相完全替换或者一方包含另外一方。也许我们可以通过父子关系与新旧范式之间关系的类比来说明这一点。儿子当然从父亲那里继承了很多东西，不管是基因还是某些生活习惯，比如我喜欢辣椒，我儿子对此也来者不拒。人们可以从父亲的身上，推知儿子的某些特征，但是父亲和儿子是彼此独立的个体，人们永远不可能通过父亲准确地理解儿子，当然反过来也是一样。父亲和儿子都能够处理一些相同的事情，比如扫地、吃饭、购物等等，或者说他们在某些共同的事情上能够相互取代，虽然结果可能稍有不同，像地扫得干不干净，东西买得合不合算之类。然而，父亲不可能用任何方式让儿子成为自己的一部分，儿子也不可能用任何方式把父亲包含在自身之中。所以，儿子和父亲从根本上来说是不可通约的。毕竟我们今天脱离牛顿范式的时间并不长，到库恩写作《结构》时也就50年，到今天为止满打满算也就100多年，人们对它仍然有所依恋并不奇怪。也许在时间足够长之后，人们就会用一种奇怪的眼光看待持有牛顿范式的人们，就像我们今天会觉得近代之前的人们竟然在那么长的时间里认为地球是不动的一样是不可思议的。

库恩关于科学革命的论述，把科学的合理性问题从一个逻辑和事实的哲学问题，转化成了一个文化和心理的历史问题。通俗来说，就是他认为从科学发展的历程来看，一套普适的科学合理性标准并不存在。这导致的结果是，什么是科学这个问题没有了正确的答案，而只依赖于科学共同体的约定。他不仅认为发现和辩护的区分是没有意义的，而且也认为科学方法和科学知识的二分也并不成立。一个特定的范式总是会形成自己独特的方法论体系，脱离范式谈论方法是不可能的。牛顿力学研究宏观物体运动的那一套方法，在研究微观粒子的运动时就派不上用场。在很大程度上，一个理论之所以被接受跟一个时代的风尚和人们的心理偏好密切相关。这实际上打开了相对主义通向科学的大门。

库恩虽然竭力否认自己是一个相对主义者，而是一个“科学进步的真正信仰者”，但是在他的内心深处，他清楚自己的理论将会通向哪里。逻辑经验主义者抛弃了确定性的真理，不过，他们大都仍然心有灵犀地认为科学是沿着“求真”和“有用”的方向拾级而上的。库恩则不然，除了更有用，“求真”这个因素在他对科学的描述中已经淡不可见了。在1969年的“后记”里，他这样写道：

一个理论的本体与它的自然界中的“真实”对应物之间契合这种观念，现在在我看来原则上是虚幻的。另外,作为一个历史学家,我特别能感受到这种观点的不合理。例如,我不怀疑作为解谜工具,牛顿力学改进了亚里士多德力学,而爱因斯坦力学改进了牛顿力学。但是我在它们的前后相继中看不出本体论发展的一贯方向。相反,在某些重要方面(虽然不是所有方面),爱因斯坦广义相对论与亚里士多德理论的接近程度,要大于这二者与牛顿理论的接近程度。[①]

库恩显然对相对主义的话题感到厌倦,他颇有些“破罐子破摔”地说,如果有人一定要认为像这样的观点是相对主义,那他就是相对主义者好了,但他真不觉得这样一种“相对主义”会给人们理解科学带来什么损失。

不管怎样,在库恩心里,科学知识在人类所有知识体系当中具有相当的独特性,这一点仍然是毋庸置疑的,因为没有其他知识像科学知识一样,在如此短暂的时间里有如此长足的进步,而且给人类的生活带来了如此深远的影响。此外,库恩也仍然认为科学家是对自然抱有崇高理想的那一类人,“一个科学家必须致力于理解世界,并扩展这种使世界有序化的精度和广度”[②],如若不然,他就不能被称为一个合格的科学家。这是库恩与后来的费耶阿本德和科学知识社会学的主张者最大的区别。

① 库恩:《科学革命的结构》,第173页。

3. “厚脸皮的科学家”与研究纲领

拉卡托斯在知名的科学哲学家里边,大概是理想主

② 库恩:《科学革命的结构》,第35页。

义色彩最为浓厚的一个。他对人类的理性，以及在他看来代表着理性最高成就的科学，都抱有极大的热忱。在一个相对主义日趋浓厚的氛围里，他有一种强烈的不适应感，或者说焦虑感。从某种程度上看，拉卡托斯关注科学合理性问题的出发点，跟100年前孔德拒斥形而上学的出发点很相似，二者都是出自实践上的，而不是纯粹知识论上的原因。下面这个简短的讨论能够很好地说明这一点。库恩认为自己的观点不会给科学带来什么损失，拉卡托斯对于此种说法只会呵呵一笑。他在库恩的理论中嗅到了极端危险的气息，在他看来，如果库恩是对的，那么科学就会失去所有的根基和前进的方向，最终重新堕落为休谟笔下的盲目习惯。关键这还不是最严重的。最严重的是，按照库恩的观点，科学和伪科学之间的界线就会模糊甚至消失，这将对人类的科学事业带来巨大危害。拉卡托斯总结了哥白尼被罗马教廷封杀，以及苏联"李森科主义"对现代遗传学的政治迫害和打压这两个惨痛的历史教训，然后语重心长而又忧心忡忡地告诫说，关于科学与伪科学的划界并不是一场哲学家书房里的无聊辩论，而是一个有着"重大伦理意义和政治意义"的问题。库恩承认科学的进步性，但实际上却毁掉了进步的合理性，拉卡托斯试图把库恩消解于历史文化长河中的合理性重新建立起来。他这样做的主要动机，就是希望能够明确科学与伪科学之间的界线，从而避免类似的悲剧再次上演。

由于拉卡托斯与波普尔之间的师承关系，也由于拉卡托斯把自己的"研究纲领方法论"称为"精致的证伪主义"，人们更愿意把他的研究纲领视为波普尔证伪思想的接续和延展。但在我看来，拉卡托斯的思想大致可以说是波普尔、蒯因和库恩的杂糅，而且他从波普尔那里获得的收益，比他自己意识到的要少些，但从库恩那里获得的收益，比他自己意识到的要多得多。研究纲领这个概念，更像范式概念的一个说不上成功的改进版。劳丹在《进步及其问题》中，就敏锐地指出，拉卡托斯试图为波普尔的证伪主义辩护，并力图将自己的观点和波普尔的观点有机地结合起来，但"实际上他的思想并不能纳入其中"[①]。

在亮明自己的观点之前,拉卡托斯对逻辑经验主义的合理性观点进行了批评,着重从划界的角度论述了它们之中存在的问题。他把卡尔纳普和赖欣巴哈这样的归纳主义者的科学合理性主张称为"辩护主义",以区别于波普尔的"证伪主义"。辩护主义把高度的或然性作为人们判定科学合理性的救命稻草。然而,相对于可以视为无限大的人类总体的经验这个分母而言,任何理论经受住的考验的数量这个分子都能够视为0,所以说当它这样做的时候,就已经注定了悲剧性的结果。如果所有的理论最终可能成立的概率都是0或者约等于0的话,那么要断定某些理论是合理的而某些是不合理的,只能沦为五十步笑百步的大笑话,并不能真正把科学和伪科学区分开来。波普尔把一个理论能否被证伪看成是它能否被视为科学的合理性标准,倒是一个不错的主意,但失之粗糙。他忽略了科学理论的韧性使得他朴素的证伪主义在划界问题上同样无所作为。蒯因在早前已经论证过,理论是以一种整体的方式,而不是个别的陈述面对人的经验世界的,因此一个经验事实反驳了理论预言,不过是该理论的一个反常事件,这不会使得人们就此放弃它。波普尔的标准显然过于严苛,它带来的后果是会把科学史上几乎所有的科学理论都当成谬误来看待,因为没有一个科学理论不具有例外的情况。这样一来,在排除掉那些不是科学的伪知识之后,波普尔把所有的科学知识也都作为错误而拒绝掉了。

① 劳丹:《进步及其问题》,第4页。

拉卡托斯认为，逻辑经验主义之所以在划界问题上会遭遇失败，原因在于他们的理论中缺乏历史性维度，过高地划定了合理性标准，这让他们所说的“科学”在历史和现实中都找不到对应物。我们在上一章已经说到，逻辑经验主义者那里有三个区分：第一个是“经验事实”与“理论”的区分，经验事实独立于理论存在，并且是检验一切理论的最终裁决者；第二个是“发现”和“辩护”的区分，辩护方法和过程的正确决定了科学理论的合理性；第三个是“科学方法”和“科学知识”的区分，知识的内容随着人类社会的发展不断拓展，但正确的方法论的基本原则却始终如一。因而，他们对科学合理性的要求实际上包含两个方面：一是辩护活动的过程是合理的，即科学方法必须是规范、明确、普适的；二是辩护活动的结果是合理的，即科学知识必须在某种程度上是被确证的（在波普尔那里则是没有被否定的）。按照这种思路，只有同时说明方法和知识本身的合理性，才能说明科学是合理的。用日常用语来说，逻辑经验主义试图说明科学是按照正确的方法得出正确的（不错的）结论的一种实践活动。这种想法固然很美好，但在拉卡托斯看来却是不切实际的。事实上，它既不能从科学的发展过程中总结出来，也对理解具体的科学实践没有任何帮助。汉森业已证明，上述第一个区分是错误的，而库恩则无可辩驳地说明上述三个区分对于科学家们实际的科学研究工作来说也毫无意义。

因此，跟库恩一样，拉卡托斯强调科学史对于科学哲学的重要性。如果一套关于科学是什么的哲学理论，无法跟历史当中的科学进程相匹配，它就只是理论家们的自说自话，没有任何价值。科学哲学家要想达成自己的目标，首先必须完成对科学史的“合理重建”。合理重建的意思是，科学哲学家对科学的讨论需要依赖历史，但又不能被历史牵着鼻子走，而是要在纷繁芜杂的历史现象当中发现一些普遍性和方向性的东西。就像科学家研究自然现象，不依靠经验事实显然是不可能的，但若是被经验事实所左右的话，势必将一无所获。拉卡托斯指出，如果说逻辑经验主义者最大的问题在于他们脱离了历史来谈论科学，最终使他们的结论缺乏足够的说服力的话，那么库恩错误的根源就在于他太多地顺从和迁就了历史现象，而没有尽力去驯服它们，这让他虽然宣称科学是一项进步的事业，但实际上却根本没能证明它。

拉卡托斯调侃地说科学家们都是厚脸皮，为此他杜撰了一个有意思的故事。从这个故事出发，对理解他的思想能够起到事半功倍的作用。牛顿派的学者经过精心演算，发现在天空中的某个区域应该存在一颗新的行星，但是天文学家们没能找到。他们会因此认为牛顿是错的，从而放弃万有引力体系吗？不，他们会说，目前的天文望远镜分辨率太低，所以才没能发现目标行星。于是他们不仅不会放弃牛顿，反而会信心十足地申请来一大笔钱，制造一台更好的望远镜，继续搜寻。如果真的找到了，他们就会大声欢呼，牛顿又一次获得了巨大的胜利。如果没有找到，他们仍然不会放弃牛顿，他们会说，会不会有一团星云刚好挡住了望远镜的视线，以至于没法观察到这颗行星呢？于是他们又会去申请一笔钱，发射一颗卫星，绕过可能存在的星云去搜寻。如果真的找到了，当然是欢呼牛顿的伟大胜利，如果不行，他们也未必会放弃牛顿，他们又会用别的假说来解释这次失败，然后重新开始新一轮的探索。这样的过程可持续很长的时间。

虽然说这个故事是虚构的，但是在拉卡托斯看来，科学的实践就是这样一个样子。一套完整的理论体系建立起来，有时需要好几代人的心血，人们不可能一碰到它的反常情况就会弃之如敝屣。不管在历史上，还是在当前，一个科学理论都会同时遇到支持它的经验事实和反对它的经验事实，在大多数时候，人们不会等到它充分确证后才去接受和使用它，也不会因为存在相反的例证就放弃它。而是像库恩说的那样，人们之所以赞同一种科学理论，既不是因为它被确证了，也不是因为它被证伪了，而仅仅在于人们愿意接受它。

不过，拉卡托斯讲这个故事肯定不是为了表示对库恩的认同，更不是想把科学家们描述成《皇帝的新装》里那两个狡猾的骗子。他想表明的是，科学的历史和实践具有非常复杂的形态,一个合理的科学哲学理论不能不注意到这种复杂性。通过这个故事,拉卡托斯既驳斥了逻辑经验主义,又驳斥了库恩。

这个故事说明,只要人们愿意,一个理论是永远不会被证伪的。一个检验蕴涵总是理论在某个特定的条件下推导出来的经验陈述。因此,如果该检验蕴涵与实际观察到的事实不一致,人们可以采取更换那个特定条件或者增加另外的特定条件来挽救理论。拉卡托斯把这些特定条件称为“辅助性假说”。(这一点,艾耶尔在批评波普尔的时候已经提到过了。)上述故事中,牛顿派学者假定的“天文望远镜不够好”“可能存在一团星云”等就是辅助性假说,它们所起的作用就是阻断不利于牛顿理论的经验事实向它的核心理论传导,从而避免核心理论被攻击。从逻辑上来说,辅助性假说的引入是无穷无尽的,所以一个理论永远无法被完全证伪。因此,一个理论正确与否,并不是判断它是否科学的依据。科学的合理性并不在于它能永远给我们提供最正确的结论。

此外,这个故事也表明,库恩认为的反常会导致危机,危机最终会引发科学革命的观点并不正确。一个理论在成长的过程中,“反常”并不罕见,而是常态。由于观察错误、推导错误或者某些客观条件的局限,经验事实与理论预期不一致的情况比比皆是。反常不仅未必带来危机,反而是科学知识增长的机会,一个成功的科学理论总是能够把那些初始不利于自己的反常,变成有利于自己的新论据。在历史上,上述故事中牛顿派的科学家几乎每次都是在欢呼。太阳系的新行星大致都是依照故事所描述的样子一一得以发现的。

基于这个故事,拉卡托斯找到了把科学家同《皇帝的新装》的骗子相区别的关键,即理解科学的合理性的关键。

既然一个理论既不能被证明为真,也不能被证明为假,人们就应该放弃用简单的“对”和“错”作为接受和拒斥一个理论的标准。打破这种思维定式的办法很简单,就是要将焦点放在科学知识的增长上。一旦人们意识到知识的增长才是理解科学的关键,拉卡托斯认为,划界的难题和库恩引入的相对主义问题就能迎刃而解。他认为这种想法已经包含在了波普尔《科学发现的逻辑》之中，但并未得到系统的说明和澄清。拉卡托斯说：

> 如果每一个新理论与其先行理论相比，有着超余的经验内容，也就是说，如果预见了某个新颖、至今未曾预料到的事实，那就让我们把这个理论系列说成是理论上进步的（或"构成了理论上进步的问题转换"）。如果这一超余的经验内容中有一些还得到了证认，也就是说，如果每一个新理论都引导我们真的发现了某个新事实，那就让我们再把这个理论上进步的理论系列说成是经验上进步的（或"构成了经验上进步的问题转换"）。最后，如果一个问题的转换在理论上和经验上都是进步的，我们便称它为进步的，否则便称它为退化的。只有当问题转换至少在理论上是进步的，我们才"接受"它们作为"科学的"，否则，我们便"拒斥"它们作为"伪科学的"。我们以问题转换的进步程度，以理论系列引导我们发现新颖事实的程度来衡量进步。[①]

这段话表达了两个意思。第一，一个理论的真理性或者说正确性成分的多少，也就是支持它的事实的多少，并不能作为衡量它是否科学的主要依据，衡量它是否科学的关键是它能否预见新的不同类型的事实，增加知识的总量。举个简单的例子，"所有人都会死"是一个真理性成分很高的陈述，但是它并不是科学，因为它没有预言什么新的不同类型的现象。爱因斯坦的相对论

① 拉卡托斯：《科学研究纲领方法论》，兰征译，上海译文出版社2005年第1版，第37页。

在提出的时候，支持它的事实并不是很多，但是它能够预言光线会受到大质量物体的引力作用而偏折等新的经验事实，这是之前的理论无法做到的，因此它就是科学的。所以，一个理论是否科学，重要的不在于它采用了什么形式，获得了多少已知事实的验证，而在于它能否指导人们扩展认知和实践的领域。拉卡托斯甚至强调，就算一个新理论能够解决旧理论的全部反例，但不能发现任何不同类型的新现象，这个新理论也不是科学意义上的进步，而只是语义学意义上的进步。

第二，从知识增长的角度，能够对科学的进步作出清晰的定义和说明。拉卡托斯赞同科学知识中必然存在约定的成分，或者说形而上学的假定，但他认为库恩的范式理论过多地强调了这些东西在科学中的地位，从而只能得出科学革命是非理性和无方向性的结论。在他看来，科学的发展是有明晰的进步性和方向性的，这表现为它能够实现不断的增殖，从而稳定地扩展自己的适用范围。能够预见不同类型的新现象，这是理论的增殖和进步，如果预见的新现象最后得到了确认，这是经验事实的增殖和进步，二者合起来就能保证科学在总体上是有方向的进步，而不是盲目的碰运气。在这种意义上，科学对自然的理解不断深入，人们掌控自然改变自己生存能力的力量日渐加强。

相对来说，拉卡托斯的“研究纲领”比起库恩的“范式”要更加清晰。范式既包含某个特定的理论体系，也包含皈依这个体系的科学共同体，而研究纲领只是理论体系而不包含从事科学研究的人。在拉卡托斯眼中，科学家对研究纲领的选择是在理性原则的指导下进行的，而不像库恩认为的科学家投身某种范式主要是宗教信仰式的愚忠。

拉卡托斯之所以使用“纲领”这个词，而不是“理论”或“知识”这些常用的概念，目的在于强调蒯因的整体主义原则，即科学知识是以整个体系面对自然的，对个别理论的拒斥无损于整个体系的安全和平衡。单个的理论不是研究纲领，只有系统的理论体系才是研究纲领。科学哲学关于科学合理性考察的对象是理论体系,而不是单个的理论。当然,纲领这个词也适合于人类知识的其他体系,并非只有科学中才有研究纲领。比如弗洛伊德的心理学在拉卡托斯看来也是一种研究纲领,但显然不是科学的,而是伪科学的。"纲领"前面的修饰语不是"发现"或者"辩护",而是"研究",这也大有深意。它表明,拉卡托斯认为发现和辩护的区分对理解科学知识增长的合理性是没有必要的,科学活动的合理性是在整个实践过程中体现出来的,其中某个环节不具有特别的重要性。

研究纲领的模型和内容,在各种科学哲学的书籍中已经是陈词滥调。光是知道这个模型对于理解拉卡托斯思想的精义没有多大帮助,正像知道"前科学——常规科学——危机——科学革命"的模型对于理解库恩思想的精义没有多大帮助一样。如果我们对上述拉卡托斯对于科学合理性问题的思考有所了解,那么理解研究纲领的模型就易如反掌。简单来说,研究纲领中的理论是不平等的,其中的基本原理具有特别重要的作用,它们位居整个纲领的核心,拉卡托斯称之为"硬核"。所谓"硬",意味着它们不容任何改动,硬核被改动只有一种可能,就是这个纲领已然崩溃。硬核之外的其他理论陈述和经验陈述都属于辅助性假说,拉卡托斯形象地称它们为"保护带",它们的作用就是阻止硬核直接面对经验事实的反驳。例如,在牛顿体系中,牛顿的三个基本定律和万有引力定律就是硬核,其他的各种推论和理论预测都是起保护作用的保护带。

"反面启发法"对应硬核,"反面"表示禁止,即禁止人们主动从理论上质疑属于硬核的那些基本原理,也禁止人们直接用经验事实来拒斥它们。反之,"正面启发法"则对应保护带,"正面"表示鼓励,当一个研究纲领碰到反常的时候,人们会主动构造辅助性假说来避免反常,就像先前所讲的那个故事一样,辅助性假说可以是理论性的陈述,也可以是关于实验条件的一些假定。对这些辅助性假说,科学家们会根据这个反常的重要程度,决定是否需要进一步研究它们。如果它们最终得到确认,反常就成了这个纲领的又一个支撑;如果研究它们没有什么结果，这个反常就会被悬置，人们会暂时忽视掉它。

根据硬核和保护带的划分，拉卡托斯显然不会接受波普尔判决性实验的想法。在他看来，一个研究纲领不可能被即时性地判定为错误，从而被人们拒斥。一个研究纲领在出现新的替代物之前是不会被证伪的。新纲领只有在满足下面三个条件的情况下，才会取代(证伪)旧纲领。第一，新纲领能带来更多旧纲领无法预测的新类型的经验事实；第二，新纲领能够解释旧纲领起作用的所有经验事实；第三，新纲领预测的新事实至少部分得到确认。显然，如果满足这三个条件，拉卡托斯认为，只要科学家不违背良知和诚实性原则，必定能够在新旧研究纲领中间作出正确的选择。这样一来，科学的进步就有了客观性的依凭，库恩给科学带来的相对主义因素就能够得到排除，科学与伪科学之间也就能重新画出一道泾渭分明的界线。可以说，拉卡托斯从波普尔的路径，得出了一个赖欣巴哈的结论：科学中没有最好的理论，只有更好的理论。当然，拉卡托斯还拒绝了库恩范式无法共存和不可通约性的想法。他认为不同的研究纲领在很长的时间是可以同时存在的，而且一般来说，新的研究纲领是从旧的研究纲领中发展出来的。

从根本来说，拉卡托斯的观点是经验主义和实用主义的合体，与其按照他自称的"精致证伪主义"这个概念来称呼这个合体，不如用"精致的实用主义"更加恰当。逻辑经验主义拒斥形而上学之后，必然带来的后果就是实用主义将成为解决科学合理性问题唯一可能的出路。拉卡托斯把这一出路精致化到了一种极致。他之所以比较清晰地解决了之前人们在合理性问题上的一些疑难和混乱，在于他毫不犹豫地清除了逻辑经验主义者思想中那些关于真实和真理的残余，以一种更加纯粹的实用主义来对待和理解科学。

拉卡托斯在他的作品的正文部分，几乎没有从正面意义上使用过"真理""真实"之类的概念，也坚决摈弃了科学知识是对真实存在的符合和反映的想法。反倒是，他多次谈到科学家的诚实和良知。显然，在他看来，科学的合理性更多地依赖于科学家的诚实性——他们总会选出更有用的，而不是更具真实性的科学知识，这根本不可能有任何可靠的判定。在《科学研究纲领方法论》的末尾，他用一个长长的注释讨论波普尔晚期很喜欢的“逼真性”这个概念。在他看来，不管从本体论的意义上，还是从方法论的意义上，“逼真性”都是一个莫名其妙、容易引来混乱的词语，它要么是“神秘的”，要么只能靠猜。他说：

> “逼真性”有两种不应混淆的不同意义。首先，它可以用来指物理的直觉的似真性；在这种意义上，我认为人类心智所创造的一切科学理论都同样不具有似真性，都同样是“神秘的”。第二，它可以用来指一个理论的真实推断与谬误推断之间的准—测度—理论差，我们永远也不能知道这种差，但当然可以猜测。[①]

如果说科学知识中包含的“真实”和“真理”在库恩那里还多多少少有些痕迹，那么在拉卡托斯这里则已经彻底无影无踪了。科学是进步的、有方向的、比任何伪科学都更好的东西，但这一切与它是否真实完全没有关系，也与它跟真理的距离没有关系，人们之所以能够赞同这个结论，仅仅是因为它有用，而且是越来越有用。拉卡托斯为了科学的合理性而战，但绝非为了科学的真理性而战。他不会反对下面这个结论，即一个伪科学的理论完全有可能比一个科学的理论更加接近真实，或者具有更多上面那段引文所说的第一种意义上

① 拉卡托斯：《科学研究纲领方法论》，第127页。

的“逼真性”。

拉卡托斯并未意识到，他的理论中有一个最大的软肋。他的整个观点其实都非常依赖于“经验事实”这个东西，但他并未对此有特别仔细的检视。经验事实是客观中立的吗？如果是，他全部有关“精致的实用主义”的论述都是没有必要的，他的这些长篇大论既不比赖欣巴哈的概率主义更高明，也不比波普尔的证伪主义更有说服力。因此，他明显更认同汉森和库恩对经验事实的看法，但是如此一来，经验事实本身也就具有了主观性和约定性，也就是说不同研究纲领的经验事实是没办法客观比较的，科学进步的客观性也就失去了依凭。同种东西增加，我们才能说增加后的比增加前好，增加的东西若是不同的，是无法得出好坏的一致性结论的。比如，在一杯糖水中添加10克糖，我们可以说糖水更甜了，更好喝了；但是，如果添加的是10克盐呢？这是无法比较的。库恩的范式理论是基本自洽的，他对经验事实进行了重新理解，经验事实的客观性只有在特定的范式之下才是有意义的，这也是他特别强调范式的不可通约性的理由。从这一点上来说，拉卡托斯的理论并不自洽，他试图对库恩范式理论的升级改造并不成功。也就是说，他的研究纲领既解决不了什么是科学、什么是伪科学的问题，也解决不了科学进步的合理性问题。

4. “怎么都行”

费耶阿本德在《反对方法》的扉页上，把这部赫赫有名的大作题献给他的挚友拉卡托斯，并把他称为自己“无政府主义的同路人”。按照计划，《反对方法》应该是一本以对话体的形式呈现的图书，即费耶阿本德提出对理性主义的反驳，然后拉卡托斯再针对他的论点给予“痛斥”。由于后者英年早逝，这个美好的设想没能实现。我觉得，拉卡托斯应该不会接受费耶阿本德把自己称为他的同路人，就像库恩也对人们把他称为相对主义者敬谢不敏一样。不过，“敌人和对手，永远比自己更了解自己”，老套的谚语总是有些道理，费耶阿本德引拉卡托斯为同路人并非信口开河。后者认为不同的研究纲领是可以共存的，实际上已经包含了这样一个必然的推论："它不可能规定，在哪些条件下，一个研究纲领必须抛弃掉，或者在什么时候，继续支持它就不合理了。"[①] 所以，拉卡托斯的研究纲领方法论与其说是一个关于科学研究的严格规范，不如说是关于它的一个宽松的指导原则，或者说"一种伪装的无政府主义"。我们可以这样来理解库恩和拉卡托斯，前者打开了知识本身的相对主义的大门，而后者则打开了方法的相对主义的大门。但可悲的是，拉卡托斯原本的目的跟这样的结果完全背道而驰。

费耶阿本德是20世纪的休谟。二者的写作风格和写作带来的结果都惊人的相似。他们都属于战斗型的哲学家，作品中充满浓烈的批判气息，给后来的哲学家们留下的除了孤傲的背影、潇洒的转身，就是满目疮痍和一地凌乱。费耶阿本德之于种种的科学哲学，犹如休谟之于种种的形而上学。正像休谟所说的那样，如果他们是对的，那么人们在求真之路上辛辛苦苦付出的所有努力都将变成一个苦涩的笑话。他们两人也有所不同，费耶阿本德比休谟多了一样东西：先知般的传道热情。休谟在形而上学的花园里破坏一番后就兴味索然地离开了，费耶阿本德则还想要极力鼓吹他所信奉的科学上的无政府主义。后者在哲学上获得的名声，更多的不是依靠他提出的观点的内容，而是他在反对方法和拒绝理性时表现出来的狂热和决然。

① 费耶阿本德：《反对方法》，周昌忠译，上海译文出版社1992年第1版，第153页。

必须得承认,《反对方法》是一部真诚的作品,作者宣称"每一句话都是字斟句酌的",并无太多自卖自夸的成分。这是对亡友最大的尊重和最好的纪念。如果可以的话,我是想把这部分完全用费耶阿本德的原话来写的。可惜的是,我不能。我不得不把他的大部分极其精彩的原话改写成自己的语言,这是一件痛苦的事情。不过,也必须得承认,《反对方法》没有多少独创性,费耶阿本德也根本不需要多少独创性,因为他需要的武器,那些试图为科学的合理性辩护的哲学家和历史学家在彼此的相互拆台中,早已给他准备好了。他只要把这些武器擦亮一些,磨锋利一些,然后排列组合起来,就是一件无可匹敌的大杀器了。就像上面所提及的那样,只需要稍微引申一点,拉卡托斯的方法论就能成为一把锐利的手术刀,用来解剖他自己。所以,费耶阿本德顺顺利利、轻轻松松、自然而然地得出了他那看上去令人瞠目结舌的结论。

费耶阿本德的无政府主义想要反对的不仅仅是方法,更是整个科学。按照他自己的说法,这主要基于两个理由。首先,由于人们面对的世界是一个巨大的"未知实体",所以人们"必须保留自己的选择权,切不可预先就作茧自缚"[①]。有些规则和方法,在人们的认识过程中似乎是有某种优先地位的,而且它在某些时候的确能给人们带来很多好处,但是盲目地迷信它们,不仅不会带来进步,反而会带来灾难。《伊索寓言》中讲了一个驴子驮盐的故事。故事的主人公是一头聪明的驴子,某日主人令它驮着重重的一大袋盐去赶集。驴子不小心失

① 费耶阿本德:《反对方法》,第Ⅳ页。

足跌进了河沟里,心中很是懊恼。好不容易挣扎着爬上岸来后,驴子的懊恼立即变成了惊喜——背上的重量竟然减轻了许多。隔了数日,驴子又驮着主人整理好的货物上路了。这次,这头聪明的驴子就不是失足,而是故意滑倒在了河沟里,它期待着这一举动再次减轻自己背负的重量。可是,它没有想到,主人让它驮的货物不是盐,而是海绵。它最终也没能重新从河沟里面爬上岸来。费耶阿本德说的意思,与这个故事表达的意思是一样的。没有一种方法是永远行之有效的,人们要想避免成为故事中那头聪明的驴子,就必须保持一种开放的心态,对任何方法、任何事实、任何理论的假定都一视同仁地加以看待。过分看重某种特定的方法,无异于故步自封和自我局限。科学发展过程中每一次重大的突破,都是对某些之前的人们认为不可违逆的规则的反叛。哥白尼背弃了静止的地球,开普勒扔掉了天体上大大小小的各种圆环代之以椭圆轨道,牛顿置亚里士多德视为珍宝的目的因和终极因于不顾,爱因斯坦则引来了时间和空间的相对性……所有这些事实都说明,方法和规则都只会保护旧制度和旧秩序,而不可能带来新世界和新格局。在费耶阿本德看来,那种关于人类有一套普遍性的认识方法和理性指导原则的想法,都不过是自欺欺人的童话故事。归纳并不能带来真正的创新,"反归纳"和"反规则"才能带来真正意义上的进步。可以说,费耶阿本德用另一种语言在一个完全不同的领域,淋漓尽致地阐述了一条在他同时代的中国,人人都知道的口号:"革命无罪,造反有理"。他用同样一种扫荡一切牛鬼蛇神的豪迈气势大声疾呼:

只有一条原理,它在一切境况下和人类发展的一切阶段上都可以加以维护。这条原理就是:怎么都行。[①]

其次,费耶阿本德认为,由于对科学过度尊崇,它在今天这个时代已经成了一种新的"迷信"。任何事物的价值都取决于它是否在某种程度上符合科学所要求的规范,或者与科学知识提供的世界图景是否相一致。科学和科学知识,业已成为压制人的天性中自由和好奇心的罪魁祸首。古希腊的黄金时代是建立在那些默默无闻、安分守己、整日辛勤劳作的奴隶的基础之上的。科学正在把人变成新时代的奴隶。人们需要按照医学科学的要求过健康的生活，人们需要按科学的方式提高学习和生产的效率，整个社会要按科学的方式组织成合理的结构，这样的时代，人是被指派和限定的，这在根本上是与人的天性完全相冲突的。科学对于一致性的要求，蛮横地规定了人和社会的行为，它会扼杀掉人类最可贵的创造性。但是，既然科学的规范是一个童话，科学关于这个巨大的未知实体的认识并没有多少真实的成分在其中，人们有什么理由必须要奉科学为圭臬呢？在费耶阿本德看来，真正的荒谬是，很多鼓吹自由主义的人，反而自觉维护着科学这种完全不靠谱的权威，从而充当着它的帮凶。所以，作为科学中无政府主义的领头羊，他有义务破除这种迷信，把人们带入一个真正自由、人本的新天地之中。他痛斥当前科学教育的种种弊端：

它有悖于"培育个性，而只有个性才造就或者说才能造就充分发展的人"；它"有如中国女子缠小脚那样，通过压缩来残害人性的一切突出的成分，使一个人根本上迥异"于理性的理想，而这些理想正是科学或科学哲学中的时尚。因此，要增加自由，要过充实而有价值的生活，以及相应地要发现自然和人的奥秘，就必须拒斥一切普适的标准和一切僵硬的传统。（自然，它也要求拒斥大部分当代科学。）[②]

① 费耶阿本德：《反对方法》，第6页。

② 费耶阿本德：《反对方法》，第Ⅴ页。

在《反对方法》里，费耶阿本德提到了一个极其有趣的细节。他把自己的无政府主义讲给一个朋友听，朋友非常委婉地批评他说，他肯定没有看人们写给他的批评意见，而是直接把它们扔进了垃圾筐。费耶阿本德毫不脸红地承认了这一点，而且还强调，这绝对是正确的，如果他要是每一篇评论都去看，那才真是“老天不容”！

显然，费耶阿本德对自己观点的执着程度要远远超过得出这个观点的合理程度，因而仔细去研究他的论证过程是愚蠢的。如果这样做的话，我都能看到他从字里行间里透露出来的讥诮。这倒不是想说费耶阿本德的论述是混乱而且毫无逻辑的，实际上，他的论述中充满了他所反对和嘲讽的理性主义气息，其井井有条和前后连贯，比起很多自诩逻辑学家的人的作品要出色得多，而且他对史料的处理和评论，与专业的历史学家相比也毫不逊色。我想说的是，对于费耶阿本德来说，无政府主义是他的立场，他无论如何都会得出这个结论，《反对方法》中的精致论证对于这个结论而言是完全不必要的，他之所以如此做仅仅是一种赤裸裸的智力上的炫耀。他在向所有的理性主义者示威：你们不是认为理性会导致进步和规范吗，我就用绝对理性的方式证明给你们看，你们的想象和真实的情况之间有多么遥远的距离！另外，如果对自上一章以来介绍的人们为了科学的合理性问题而展开的讨论有所把握，我们其实也没有必要去看费耶阿本德的那些论证，从他上述两个出发点就能推知他想要达到的目的是什么。所以，我们跳过他的那些论证，直接来看看他的结论吧。他说：

科学同神话的距离，比起科学哲学打算承认的来，要切近得多。科学是人已经发展起来的众多思想形态的一种，但并不一定是最好的一种。科学是惹人注目的、哗众取宠而又冒失无礼，只有那些已经决定支持某一种意识形态的人，或者那些已接受了科学但从未审察过科学的优越性和界限的人，才会认为科学天生就是优越的。然而，意识形态的取舍应当让个人去决定。既然如此，就可推知，国家与教会的分离必须以国家与科学的分离为补充。科学是最新、最富有侵略性、最教条的宗教机构。这样的分离可能是我们达致一种人本精神的唯一机会,但还从未完全实现过。①

科学不是什么真实、纯粹、独特的知识体系,它只是人类发明的各种奇奇怪怪的胡说八道的东西中的一种,在本质上它与神话、宗教、迷信完全一样,人们对它的过度迷恋是一件荒谬、滑稽而又糟糕的事情。这就是费耶阿本德想要说的。

对于任何一个对科学略有所知,对现代的生活方式稍有认同的人,估计都会惊骇于这个结论并感到程度不同的不知所措。不过,这是完全不必要的。我们甚至不用刻意地想要去对它进行任何反驳,因为所有绝对的相对主义最终都是会走向自我反驳的。它自己会拆自己的台。"怎么都行"也是一种方法论,如果真的"怎么都行",就说明"怎么都行"并不比其他寻求规范的方法论更高明、更优越、更需要在现实生活中推行。既然如此,我们按照既定的习惯处理碰到的问题,选择我们认为恰当的科学理论,就没有任何值得指摘的地方。我们大可以心安理得地继续我们想要坚持的那些方法和原则。对于此,下面这个故事是有启发性的。有人可能这样质问一位志在度化世人、指点迷津的得道高僧,佛不是说四大皆空吗?所以救与不救没什么区别吧?为什么还如此执着于拯救众生呢?高僧可以不费吹灰之力地把这个问题归还给提出质疑的那个人:既然救与不救没什么区别?为什么不救?

① 费耶阿本德:《反对方法》,第255页。

5. 进步与合理性

从表面的论证过程来看，劳丹在《进步及其问题》中，试图奋力把费耶阿本德扔进虚无主义泥潭里的科学合理性拯救出来。但从他得出的结论来说，他实际上把科学合理性往泥潭深处又重重踩上了一脚。这不能不说充满了喜剧的效果。

给哲学家贴标签是人们在编纂哲学史时最喜欢做的一件事情，它来自人们根深蒂固地寻求便捷性的习惯。就像博物学家之所以要发明物种命名规则，目的是希望学生能够依据一个物种的名称，迅速确定它在一个庞大系统中的位置，从而对它的性状、亲缘关系、生存条件等形成一个概略的印象，以缩短学习的时间。但我比较怀疑这种方式在哲学研究中的有效性。其中第一个理由是，很多哲学上的标签具有很强的模糊性，它本身就很难在一个比较清晰和一致的意义上来使用。比如说，人们一般把劳丹称为“新实在论”的代表人物。那么这个“新实在论”是个什么意思呢？它跟“旧实在论”的区别在什么地方呢？这两个问题会引出大量不同甚至相互冲突的答案，也就是说人们很难就“什么是新实在论”达成所谓的共识。这样的情况下，标签不仅起不到便捷的作用，还会给初学者带来更多的困惑。第二个理由在于，人的思想是变动不居的，比起某种意义上比较稳定的自然物种来说，更难用一些概念图式的词语去限定它。这在那些研究个体思想史的各种各样的作品中有着入木三分的体现。很多学者的早期思想和后期思想有很大不同，甚至是根本不同，给他贴上一个符号无助于更好地去认识和理解他。

劳丹把实在论分为三种不同的类型：本体论的实在论、语义学的实在论，以及认识论的实在论。本体论的实在论是指存在一个独立于人(认识者)的外部世界，这个世界有其自身的确定性。劳丹坚信本体论的实在论是正确的，因为如果不是这样的话，科学为什么会成功是无法解释的。他对逐渐在欧洲，特别是法国和德国，流行起来的建构主义（这是我们下一章的主题）持有强烈的负面评价，认为它对“智力生活的看法只是一派胡言”。语义学的实在论认为，科学理论对于外部世界作出的断言，是能够进行真假判断的。劳丹同样赞同这种主张，他认为若非如此，人们就不会觉得理论有修改的必要。如果一个主张只是纯粹的主观约定，那么尽管人们可能会对之重新进行修订，但这种修订并不会有什么本质上的强制性。科学知识的更替显然不属于这种情况，所以说它在语义上是能区分真假的。认识论的实在论则把科学知识作为真理或者真理的近似物来看待，认为科学知识在人们通常认为的意义上与外部世界的真实面貌相契合。劳丹认为这种想法过于乐观，因而拒绝接受。他给出的理由是众所周知的老生常谈——无数曾经被认为是真理的科学理论都被人们毫不犹豫地抛弃了。

理解了劳丹的立场，我们就能知道他试图拯救科学合理性所采用的方式。与拉卡托斯使用“精致的实用主义”来克服库恩带来的相对主义一样，劳丹使用而且也只能使用这样的办法来对抗更加肆无忌惮的费耶阿本德的无政府主义。所以，劳丹对进步和合理性问题的辩护只是另外一种“精致的实用主义”。他提出的“研究传统”是结合了库恩的范式和拉卡托斯的研究纲领的一个算不上新颖的概念。

劳丹真正具有独创性的观点是他对于进步和合理性之间关系问题的思考与澄清。虽然其中的某些方面在之前的哲学家中已经有过一些表述，但他的贡献却是毋庸置疑的。劳丹指出，进步和合理性这两个概念对理解科学至关重要，但人们通常对它们的理解却包含着内在的不一致性。其中进步是一个时间性概念，而合理性则是一个与时间无关的概念：

进步必然是一个时间性概念；讲到科学进步，必然涉及发生在某一时期的某一过程。另一方面，合理性一般被看成是一个与时间无关的概念；人们声称，我们可以确定一项陈述或一个理论是否合理地可信，而对它的历史演变情况不必有丝毫的了解。[1]

这导致的结果是,人们认为合理性比进步更加重要,进步是需要依靠合理性来说明的。也就是说,所谓进步是人们坚持同样的合理性标准对科学认识的结果不断筛选,从而逐渐扩展科学知识的总体集合的历史过程。然而,这里存在两个方面的问题。首先,进步相对来说其实是一个比较清晰的概念,而合理性则是模糊不清的,到今天为止对于科学的合理性的标准是什么,人们提出了无数模型,但没有一个能够称得上取得了成功。其次,用合理性来定义进步的依据在哪儿呢? 这只是人们的直觉,事实上从未有人就此作出过令人信服的说明。

因此,劳丹认为,要解决科学的合理性问题,人们应该颠倒关于进步和合理性的看法,从更加容易澄清的进步概念来重新定义合理性的概念。在他看来,传统上人们认为的科学的进步是不断接受最合理的知识的观点是缠杂不清的,相反如果说科学的合理性体现为对最进步的理论的接受则就清楚得多。根据前面涉及的内容,我们很容易看出,劳丹的这种想法在赖欣巴哈、波普尔、库恩和拉卡托斯身上都有迹可循,特别是拉卡托斯其实已经表明了这样的意思,只不过没有清晰地说出来。说到底,劳丹的观点是在本体论上坚持比较强硬的实在论立场,在认识论上则是休谟式的经验主义和杜威式的实用主义的结合。这是一种风格奇特的搭配。

按照劳丹的上述观点,科学合理性的核心问题就是

① 劳丹:《进步及其问题》,第5页。

解决科学进步的客观标准问题。为此，他引入了研究传统的概念。大体来说，劳丹的研究传统是范式和研究纲领相结合后产生的新变种。跟范式和研究纲领一样，研究传统也是一个包含世界观、若干理论及方法论的超级知识体系。它的逻辑结构甚至比范式还要松散。在此我不打算对其详加讨论，因为我不觉得劳丹的论述比库恩和拉卡托斯的更成功、更有力，或者说更有独特性，而只是指出他与二者之间比较重要的区别。

劳丹与库恩的不同主要有两个方面。其一，劳丹与拉卡托斯一样，不认为科学家与研究传统之间的关系是一种"皈依"，科学家能够在不同的研究传统之间来回穿梭，而不会有任何障碍。其二，劳丹认为不同研究传统之间是可以相互通约的，至少其中某些方法和规范是相似的和前后相继的。而劳丹与拉卡托斯之间的重要差异只有一个方面，后者认为硬核是不可改变的，改变就意味着研究纲领的崩溃；前者则指出，研究传统中的核心原则能够随着时间推移发生改变，改变带来的不是崩溃而是进步。劳丹的结论是，研究传统随着时间的推移呈现非常明显且能够客观衡量的进步，研究传统之间的更替也能够充分判断其进步特征。他所遵循的标准也不是什么新的秘密武器，仍然是老掉牙的科学知识的有用性：不管是一个研究传统自身的进步，还是不同研究传统之间的更替，都体现为解决实际问题的能力的增强，既包括适用范围的扩展也包括准确程度的提升。

《进步及其问题》正文部分的行文给人一种颇为自信的感觉，劳丹显然认为自己对进步和合理问题的辨析是富有洞察力的，他的辩护应该是成功的。但是在结尾处，他的画风陡变，他用一种看上去非常公允的姿态提出了两个悬而未决的问题：

1. 即使我们假定科学的目的在于解决问题，即使我们进一步假定科学在解决问题方面被证明是有效的，我们仍有权问，科学这样的探索体系——连同它可任意使用的方法——在解决问题方面是否是最有效的？

2. 我们还有权追问，由于我们有限的智力、物质和财政资源还有其他的紧要用处，将这些资源用于研究科学所研究的那类智力问题上是否正当？[①]

这两个问题更像是费耶阿本德和下一章要讨论的科学知识社会学者才会提出的问题，考虑到劳丹在正文部分对上述二者采取的激烈的批评态度，令人不禁怀疑这个结论是否出自他本人的手笔。当然，这只是一个小小的玩笑而已。从下文来看，劳丹想要说的大概是，就当今社会而言，需要更多的工程师和医生这样的实践者，他们才能真正提高人们的生活质量，改变人们生活的环境；至于纯粹为了满足人的好奇心而去追逐自然真相的科学家，他们并不能给人们带来真正的福祉，他们创造的知识极大部分是毫无意义且毫无用处的，不幸的是，这样的人实在是太多了。这样的结论显然不会对为科学的合理性辩护有什么好处，毋宁说劳丹是在为他的敌人们提供武器弹药。

有人估计会迫不及待地说，劳丹的实用主义已经彻底堕落了，实在太过庸俗。这样说虽然没什么不对，但随便给人戴帽子不是一个好习惯。劳丹强调历史的重要性，他的研究传统也是通过对历史的考察建立起来的。所以他应该非常清楚，一个科学理论在真正展现出它的作用之前，人们是无法断定它能有什么用的。就像在牛顿时代，不理解牛顿的引力体系，从而把它斥之为毫无用处、胡言乱语的也大有人在。同样的一幕也在爱因斯坦身上发生过。要确定什么样的问题是有意义的，

① 劳丹：《进步及其问题》，第221页。

什么样的问题是没有意义的,其实是一个科学实践问题,而不是一个哲学思辨问题。就像一个社会总体上把多少资源用于科学研究,也是一个政治实践问题,而不是一个政治学问题一样。

除此之外,令我感到相当好奇的是,劳丹作为一个知名的哲学家,如果有人把上述两个问题中的"科学"换成"哲学",然后再用替换后的问题来问他,他会如何回应。这并非一个纯属假想的场景,我们将在第五章看到,科学家反驳哲学家中的那些相对主义者时,用的恰好就是这样的问题。在科学家看来,他们有更加充分的理由使用这样的问题。

6. 本章小结

科学思想史的早期的倡导者,有一个不言而喻的假定:人类精神世界是统一的。他们拒绝把科学还原为逻辑与经验,试图从人类思想的本底处为近代科学的发展找到依托。他们发现,构成现代科学知识基础的那些概念,是从神学和形而上学的争论中逐渐生发出来的,它们既不能从经验事实中概括而来,也不能完全还原为经验事实。他们的研究否定了这样一个有着古老历史的传统信念:人类的心灵是一面镜子,它准确或者扭曲地映照出人们外部的自然世界,哲学的任务就是把这面镜子擦拭干净,让因扭曲而失真的图像更少,并且把那些正确的图像拼接起来,最终在人类心灵中完成对外部世界的正确反映,即科学知识。按照罗蒂在《哲学和自然之镜》中的看法,这种传统自笛卡儿以来,在西方思想史中就有举足轻重的影响,20世纪的逻辑经验主义也是它的后裔。但是在科学思想史的研究者看来,人类的心灵不是被动地反映外部世界,而是主动从感觉经验中抓取需要的部分,用之于构建心目中关于外部世界的图像。也就是说,科学提供的外部世界的图景,不是心灵的发现,而是它的发明。

库恩用范式理论把非镜式的科学观推向了一个高峰。人们关于外部世界的总体图像,随着一次次范式的转换或者说科学革命而发生变化。人们虽然生活在相似的经验之流中,但不同范式之下的人们却生活在不同的世界中。所以,科学家并不像牛顿说的那样是在真理的海洋边捡贝壳,或者在巨人的肩上看风景。真理的海洋很可能只是他们自己挖的一个小水坑,而巨人很可能只是他们心灵中的幻象,它们都是纯粹子虚乌有的。当库恩强调,只有在历史文化之中才能发现真正的科学的合理性的时候,科学的合理性就注定只会是水中之月和镜中之花了。

拉卡托斯为库恩的理论而深感不安,他决心在科学史的基础上重建科学的合理性,为实践当中无比重要的科学和伪科学的划界问题提供一个靠得住的基石。之前的哲学家一边声称真理不是人可以追逐的对象,一边在自己的观点中保留着对它的迷恋,拉卡托斯注意到了这一点,因此他用一种纯粹的实用主义来为科学的合理性辩护,设计出了精妙的研究纲领模型。当然,费耶阿本德把他引为同路人已经说明,拉卡托斯实际上把科学带到了一个他自己绝不会赞同的结局之中。

费耶阿本德不仅拒绝了科学当中存在某些规范方法的说法,甚至还直接拒绝了科学本身。他也使用了"进步"这个词,但同时又宣称,用这个词并不意味着他掌握了能够判定好坏和善恶的一把特别的尺子,而且不仅他没有,任何人也都不可能有,所以,人们可以用任何他喜欢的意思来理解它。这不仅取消了科学的合理性,也取消了科学知识的特殊性。费耶阿本德的出现是合情合理的,从逻辑经验主义开始对科学合理性问题展开追寻的时候,就已经注定了这样一个人的到来。这是西方哲学的本性所决定的,就像休谟是形而上学的必然结局一样。自古希腊开始,哲学的批判精神就是驱使人们寻找最真实、最牢不可破的东西,但是当最终人们发现这样的东西无处可寻的时候,哲学的批判精神就会被用来质疑它自身,怀疑主义和相对主义也就诞生了。费耶阿本德对方法和理性的反对,也正是如此,并没有什么值得大惊小怪的,套用我们第一章末尾的话来说,这不过是又一个惨淡的循环。下面这个故事对于理解这一点是有帮助的。大地为什么是坚固不动的呢？印度古代的神话提供的一个答案是因为有一只巨大的神龟驮着它。这当然算不上一个特别好的答案，但至少是一个答案。然而，好奇的人会追问，那么乌龟又趴在什么之上呢？比较省事的回答是，乌龟的下面还有一只乌龟。显然，这是无法令好奇的心得到满足的，于是这个问题还会被继续追问下去，然后大地之下层层叠叠的乌龟就将越来越多。当好奇的心灵对无穷无尽的乌龟感到疲惫的时候，它会很容易得出结论：人的理性其实什么也做不到，它声称能够引领人们发现一个真实世界的说法，只不过是虚妄的自吹自擂。到这个时候，人们就会发现，不仅神龟的答案是荒谬的，而且引出这个答案的问题也是荒谬的，最终包括思考这个问题的理性也是荒谬的。

劳丹希望用进步来重新定义合理性，从而为解决科学的合理性问题找到一个可行方法，但是他的思考只能算是新瓶装旧酒。他给人们的最大启发是，在涉及基本问题的时候，人若要坚守自己的立场，那么他只能成为一名独断论者。就像他开门见山地称呼自己为实在论者那样。

一般来说，费耶阿本德式的思想的出现，在西方的历史上意味着一个混乱的时代即将到来。绝对的理性主义的终极表现形式就是绝对的相对主义，因此相对主义并非理性主义的对立面，而是它最后的逻辑结果。有人想要建造一幢最坚固的城堡，这当然必须找到最坚固的地基才行，所以他开始拼命向下开挖，试图找到那块传说中的理想地基。结果不会有什么意外：他和他理想中的城堡最终都会在他自己挖出来的深渊中消失得无影无踪。

第四章

神圣的事工还是凡俗的职业？

知识社会学视野中的科学

在《科学哲学的兴起》中，赖欣巴哈热忱地推销他所倡导的科学的哲学，他希望这种新的哲学思想不仅能够帮助人们更好地认识和理解自然现象，还能够在人们更好地认识和理解社会现象上发挥作用。他对自然现象和社会现象进行了对比，对传统上人们对自然和社会的二分进行了抨击。赖欣巴哈承认，社会的运行可能比自然的运行有更多的复杂性，但是人们据此武断地认定社会的运行不存在任何规律性则是不恰当的。他非常机智地质问道：

说社会学事件是独特的，永不重复的这个论证之所以垮了台，是因为物理学事件的情形同样如此。一天的气候从来也不会和另一天一样。一块木头的状态从来也不会和任何另外一块一样。科学家把个别情况纳入于一个类，并在寻找至少在大量情况中控制着种种不同的独特的情况的规律，而克服着这些困难。社会学家为什么不能这样做呢？[①]

因此，赖欣巴哈认为自然科学与社会科学之间不存在一道“不可逾越的鸿沟”。他鼓励社会学家使用科学

① 赖欣巴哈：《科学哲学的兴起》，第239页。

的哲学的方法先完成社会学问题的澄清和分析工作，从而建立起一门能够与自然科学相提并论的、真正的、以经验主义为指导原则的社会科学。

20世纪晚期出现的科学知识社会学可以说完全是按照赖欣巴哈的方案建立起来的，它的主张者们的主要诉求之一也正是他刚才阐述的取消自然与社会之间以及自然科学与社会科学之间的两个二分。不知道赖欣巴哈如果看到这样一门学科的兴起，是会感到欣慰呢还是感到苦涩。我猜，他应该与马赫在面对爱因斯坦的相对论时一样，具有无比复杂的心情吧。

从表面上看，科学知识社会学的结论与赖欣巴哈的结论之间只有一小步的距离。赖欣巴哈说，人们选择某个理论是因为它有最高置信度，也就是说它是最好的；科学知识社会学家说，人们选择某个理论是因为它最成功。“最好”和“最成功”这两个词在日常用语中的差别微乎其微，但在这里却是天差地别的。赖欣巴哈的“最好”是由逻辑和事实来决定的，它与人的主观偏见没有任何关系；而科学知识社会学家的“最成功”却取决于人们的约定和协商，它从根本上来说是社会性的和主观性的。

关于科学知识社会学，存在太多的误解。人们往往从它的结论出发，认为它把科学从人类知识体系的圣坛打落下来，因而是反科学的、对科学持有批判立场的。这完全是本末倒置的错误，也再次印证了我们在前面反复强调的，知道一个问题是怎么来的，比知道人们怎样论述它往往更加重要。它的结论能够被人们从这样的一些角度去应用，但这并不意味着这些也是它的出发点。就像费耶阿本德从先前的诸多科学哲学家那里借来了很多理论武器，用于自己反科学的无政府主义目的，但我们不能就此认定那些科学哲学家都是反科学的无政府主义者一样。科学知识社会学从动机上来说，与正统的科学哲学想要回答的问题是一样的，即如何理解科学及科学的合理性。不同的是，正统的科学哲学试图从哲学认识论上说明正确的知识和错误的知识之间存在界线，而科学知识社会学则认为这种界线不存在，包括科学知识在内的任何知识都只有成功和失败之别,而无正确和错误之分。知识在本质上不是得到证明和确证的信念,而只是在一个集体中得到大多数人认可的信念。大多数科学知识社会学家都不反科学(布鲁尔就自称是一名强意义上的科学主义者),或者说至少不比费耶阿本德更反科学。他们与库恩一样都属于“约定论者”,不像费耶阿本德那样拒绝科学中的一切规范,而是认为那些规范是人们约定和协商的产物,深受特定文化和社会背景(包括但不限于意识形态)的影响,因而不具有正统科学哲学所要求或者假定的普遍性。尽管如此,有意思的是,很多人对科学知识社会学的厌恶程度要超过费耶阿本德。

科学知识社会学的起源受益于两个不具有关联性的事实。其中之一,当然就是自逻辑经验主义以来,人们从哲学上对科学知识的合理性进行辩护的努力统统失败。理性的经验主义没有在哲学中结出人们想要的甘甜果实,反倒是开出了费耶阿本德这样一朵邪恶的艳丽之花。既然如此,人类的理性和经验为什么必须吊死在哲学这棵歪脖子树上呢?从社会学的角度来理解科学的合理性问题不也是一条可行的道路吗?逻辑经验主义者以及历史主义者都充分说明了,人们是无法证明科学知识为真也无法证明它为假的,那么有什么必要拘泥于知识的真假问题呢?对于科学知识社会学的爱好者来说,只要人们意识到,不是知识的真假问题而是知识的成败问题才构成说明科学合理性问题的必要条件,科学的合理性问题在社会学意义上就有解决的可能性。

其中之二,在于默顿所说的“科学的社会化”。在《十七世纪英格兰的科学技术与社会》中,默顿指出,近代以后的科学技术与之前的最大不同是科学技术日趋成为一种制度化、社会化的事业。之前的科学主要依靠偶然出现的天才人物的兴趣来推动,而之后的科学则依赖于整个社会通过合适的制度安排给予巨大的人力物力财力来推动。这种趋势在第二次世界大战结束之后越发明显,美国国家科学基金会的成立则是科学的社会化达到大成的一个标志。

科学的社会化给科学本身带来的影响是多方面的。好的一面无须多言,层出不穷的新理论、新产品就是其最明显的体现。不好的一面，最显著的一个就是科学神圣性的自我矮化。在牛顿那个时代，从事科学研究的人把自己的研究看成是一项神圣的追求真理的事业，这种精神气质在当代科学家群体中当然不能说已经消失，但是在更大的程度上，绝大多数的（如果不能说全部的话）普通科学工作者首先将自己从事的工作当成是养家糊口的职业，而不是某种与世俗生活不一样的超凡入圣的事业。而且遍布于各个大学、科研机构、生产企业的实验室，实际上也日益模糊了所谓科学家群体和普通工厂职员之间的区别。20世纪后半期，科学家几乎也成了现代工业生产这部巨大机器之上的螺丝钉，各种业绩考核、经费申请、论文发表的刚性制度，都与一般的工业生产组织无异。此外，由于面临越来越大的业绩压力，科学研究中弄虚作假的行为日益严重。科学中的弄虚作假虽然在人类的历史长河中源远流长，但在当代的整个社会氛围之下似乎更容易滋生。

在这种情况下，对很多专门研究科学的人来说，脱离开人的七情六欲以奢谈真理的方式来理解科学的合理性，只会是虚妄的。也就是说，科学知识是人类精神世界的产物，而科学家首先是一个活生生的具体的人，他最重要的属性是他的社会属性，因此像之前的哲学认识论那样假定，由他创造出来的科学知识与他的社会属性无关，显然是极端不合理的。在他们看来，不能因为科学家从事的是科学研究工作，就推断出他们的行为有什么样的特殊性，社会学家应该把他们视为与从事其他工作的人一样的人来加以研究。既然社会学家认为对物质财富的追索、对名声的渴望、对社会地位的寻求等等构成了理解普通人行为合理性的基础，那么也必须从这些方面来理解科学家行动和他们的产品——科学知识的合理性。

因此，总体上我们可以将科学知识社会学区分为“宏观”和“微观”两个类型，这两个类型分别对应上面说到的两个事实。宏观科学知识社会学主要从历史和现实中大的文化背景（包括思想传统、社会结构、意识形态、文化思潮、社会运动等)出发,来解释某个特定阶段的某个科学知识成功和失败的问题。微观科学知识社会学则着眼于从个体的层面(科学家的个体因素和单个的科学研究场所,比如实验室)来重构科学知识生产的过程,从而揭示决定科学知识成败的那些社会因素。

当然,我们无须把这样的划分过于刻板化和僵硬化。它们关注的问题和具体的研究方法的确有明显的不同,但从大的趣向来说,则完全一致。它们的主要诉求可以概括为三个。第一个是科学知识是人工产物,其中必定包含着社会成分;第二个是自然与社会之间的区别是模糊的;第三个是自然科学与社会科学从本质上来说没有任何差异。这两个阶段的主要代表人物都可以说是经验主义者,他们的作品充满了丰富的事实和案例。布鲁尔之所以自认为是一个强科学主义者,就在于他是用科学家研究自然的方法来研究科学本身的。在《知识与社会意象》中,他多次强调他的研究彻头彻尾地渗透着经验主义的原则。当然,他说的"经验"不是逻辑经验主义所说的那种客观中立的事实,也不仅仅是汉森和库恩所说的那种渗透着理论背景的事实,而是既包含着感官成分,又包含着理论背景,同时还夹杂着社会文化底色的"社会意象"。

科学知识社会学与默顿创立的经典科学社会学没什么关系。如果说有,那就是经典科学社会学在有些方面是前者的靶子或者说批判的对象,特别是它把科学知识排除于社会学研究范围之外的原则。科学知识社会学的研究思路和框架来自曼海姆等人发展起来的知识社会学,要更好地理解前者,就需要对后者有所把握。因此在本章,我们需要再次将视线拉回到20世纪的早期。

1. 曼海姆和知识社会学

知识社会学是西方传统知识论在20世纪的一种新进路。它最初发展起来是为了处理科学知识以外的那些信念,如政治主张、文学观点、宗教信仰、传统习俗等的合理性问题。因为这些东西无法还原为逻辑规则和经验事实的真假判断，因而也无法找到客观的评价标准。但是，正像赖欣巴哈所指出的，对于那些相信社会运转虽然复杂但仍存在规律性的人来说，是不会接受人们无法对为何持有某个特定的信念作出合理说明的。如果是这样的话，那么这就意味着人类社会纯然是一系列任意、偶然、无序的行为的结果。接受这样的结果在那些人看来显然是对人类高贵理智的侮辱。他们从人的自然和社会的双重属性中找到了解决这个问题的办法。他们认为，如果说人的自然属性，即理智的思维和感官呈现的经验，是说明科学知识合理性的基础要件的话，那么人的社会属性，即阶级、社会地位、职业、代际关系、所处的历史情境等，就是说明人们持有政治主张之类的信念的合理性的基本要素。在知识社会学形成的过程中，马克思的社会批判理论，特别是“社会存在决定社会意识”的观点，起到了极其重要的作用。

研究20世纪的历史，不管是一般的社会编年史，还是政治经济史，或者学术思想史，马克思都是一个无法绕开的伟大人物。在西方，他的思想是一部分人心目中的梦魇，时时欲将其除之而后快；但在另外一部分人当中，他的思想却具有无与伦比的诱惑力，他的政治经济学和社会学批判开启的新范式，无疑大大加深了人们对自身及社会总体的理解。曼海姆就是后者中的一个典型，他有关知识社会学的种种主张深刻地渗透着马克思的影响。

在出版于1929年的《意识形态与乌托邦》中，曼海姆以“意识形态”和“乌托邦”这两个概念的演化及相互关系为例证，对知识社会学的基本问题进行了系统地说明。这些问题包括：为什么需要知识社会学，知识社会学何以可能，知识社会学的性质、研究方法及功能是什么等。基于本书的主题，我们重点关注前面两个方面。

曼海姆从“现代思想所面临的困境”出发，阐述了知识社会学的合理性和必要性。在当代社会，人类的精神世界和思想世界处于一种分崩离析的状态，同样的事实被不同的人以不同的方式来解释，大量相互冲突的价值观和所谓的

“真理”将我们包围。这就是曼海姆所谓的现代性的困境。不同的教派、政党、国家、阶层的人们,几乎每天都在发生激烈的争吵。一个很简单的社会现象,人们能够得出截然迥异的结论。譬如说,工人在工厂中劳动。资本家说,我们给他们付工资,我们养活他们,他们听我的指挥和安排是天经地义的。但是,工人们会认为,资本家的观点纯粹是胡说八道,是我们在养活他们,他们不仅剥削我们的劳动,还想控制我们的自由。

曼海姆认为,对于理解这种性质的社会现象,传统的知识论是派不上用场的。传统的知识论有两个假定。第一,它认为,个体所持有的一切观念都只跟自身有关,都只能从他自己的生活经历和他的心理认知结构来加以说明。“仿佛一个人从最初就在本质上具备了人类的全部特征能力,包括纯粹知识的能力,而且还仿佛他只能通过与外部世界并存就从其自身内部产生了他关于世界的知识。”[①] 并且“外部物质的和社会的环境除了释放这些预先形成的个人能力之外,没有任何其他作用”[②]。第二,人们的心理认知结构是类似的,也就是说,如果不偏不倚的话,人类的心灵在所有的认识问题上都能得到一致性的结果。现在的问题是,资本家和工人们都是心智健全的人,可是在同样的一个问题上却无法达成共识。而且这不是暂时的,在可以预见的将来,他们能够达成共识的可能性也不存在。考虑到工人和资本家在工作问题上的不同观点的对立,只是现代思想诸多对立和困惑中的冰山一角,如果要坚持上述两个假定,

① 曼汉姆:《意识形态与乌托邦》,黎鸣等译,商务印书馆2002年第1版,第29页。

② 曼海姆:《意识形态与乌托邦》,第30页。

人们就只能接受怀疑主义的结论：心灵在解释人的生活世界方面是无能为力的。

在曼海姆看来，要驱散怀疑主义的阴霾也没什么困难，只要人们不把知识的生产和发展还原为个体思维活动的结果，而是把它与群体的生活方式联系起来，就能做到。这意味着，一个人持有什么样的信念，不仅与他的心智活动有关，还与他所在的社会群体（集体）有关，而且后者更有决定性。传统知识论的上述两个假定之所以是错误的，是因为它们来自一个更为深层的错误预设：每个人都生活在同样一个世界之中，他们依靠同样的生物学本能来处理遇到的同样的问题。然而，实际上不同的人们生活的世界是彼此迥异的，他们碰到的问题也是完全不同的，因而他们思考问题的方式以及发展出来的解决问题的办法也是完全不同的。每个人都归属于一个特定的群体，对于其中的每个成员来说，这个群体才是他们生活的真正世界。这个群体的活动范围决定了个体成员思维的边界，它面对的对象和需要处理的问题决定了个体成员的思维方式，它的整体价值观和利益诉求决定了个体成员的价值观和利益诉求。这不是说存在一个像黑格尔说的抽象的绝对精神，每个人都只是分享它思考的成果；而是说，虽然每个人都是独立思考的，但这种思考的方向和范围已经被其生活方式和生产场景所限定。当然，这种限定属于"集体的无意识控制"，是集体生活对浸润在其中的每个个体潜移默化引导的结果，而非一个超级大脑的硬性指派。类似于库恩后来所说的范式的教化功能。

曼海姆的这一观点用现代工厂的流水线生产模式来进行类比是很容易理解的。流水线上的每个工人只需对其所在部门的任务负责，他需要解决的只是出现在本部门的那些问题，至于其他部门是什么样的、那里的工人如何行事，都是在他的视界之外的，也与他的工作无关。所以，曼海姆得出结论说：

知识从一开始就是群体生活的协作过程，在此过程中每一个人都在共同命运、共同活动和克服共同困难的框架之内表达自己的知识（然而，每个人在其中有着不同的份额)。因此,认识过程的产生至少已经部分地有所不同,因为并不是世界的每一个所能及的方面都进入群体成员的视界之内,而对于该群体来说只有其中那些困难的问题才引起注意。[①]

因而,如果能够说明个体的意识和观念与他的社会属性之间的因果关联,即社会存在如何决定了人们的意识,那么怀疑主义自然也就没有了立足之地。这就充分说明了一门从社会学的视角对知识加以考察的学科是非常必要的。

在论证了知识社会学的合理性之后,曼海姆从"意识形态"这个概念入手,进一步讨论了知识社会学何以可能。他认为,历史上,意识形态概念从特殊向总体的过渡,为知识社会学的诞生指明了道路。意识形态理论在最初是作为一种论战武器发展起来的,马克思在其中起到了举足轻重的作用。当人们出于这种目的使用意识形态这个概念时,它具有特殊意义,因而也具有强烈的贬义色彩。人们在指责论敌的思想被意识形态所左右时,其表达的意思是:

(他的)那些观点和陈述被看作是对某一状况真实性的有意无意的伪装,而真正认识到其真实性并不符合论敌的利益。这些歪曲包括:从有意识到半意识和无意识的伪装,从处心积虑愚弄他人到自我欺骗。[②]

特殊的意识形态概念让人们意识到,要理解一个人的观点,单看他表面上说了什么是不行的,还必须结合

① 曼海姆:《意识形态与乌托邦》,第30页。

② 曼海姆:《意识形态与乌托邦》,第56页。

他的社会属性才能真正知道他究竟想达到什么目的。就像资本家天天把“公平”“正义”之类的华丽辞藻挂在嘴边，但他们实际上只想维护自己阶级的既得利益。因而，特殊的意识形态概念很好地揭示了一个人持有的信念与他的社会属性之间具有密切的联系。但是，尽管如此，在它的基础上无法建立起具有普遍意义的知识社会学。因为，当它指责人们为了维护自身利益而歪曲事实的时候，暗含了这样一个推论：某个确定的真相是存在的，只要消除歪曲它的那些因素(这也许很困难)，不同群体的人们达成一致意见仍然是可能的。如果是这样的话，知识社会学就是没有必要的。

当无产阶级使用意识形态理论攻击资产阶级为了维护自身利益而阻碍人们向一个更好的新时代变革是可耻行径之时，资产阶级也逐渐回过味来，他们发现自己也可以反过来攻击无产阶级激进的社会变革主张是受另一种意识形态，即受乌托邦思想所左右的结果。在这种情况下，意识形态概念就完成了从特殊含义向总体含义的过渡。曼海姆认为，当人们意识到意识形态理论并非某个阶级和党派专属的批判工具之后，不仅更加清楚地揭示出人们持有的信念如何被其社会属性所决定，而且还揭示出了这种决定是结构性、整体性的。也就是说，人们之所以持有这样那样的信念，不是出于维护自身的利益而蓄意地想要欺骗或隐瞒什么，而是其所处的社会群体决定了其自身会自然而然地得出它们来。这说明不同的意识形态之间的差异是根本性的，人们的社会地位、所属阶层、文化背景和风尚，决定了他们之间在某些问题上不会取得一致意见。因此，总体的意识形态概念，使得一门普遍的知识社会学成了可能。一旦人们意识到，自己在某个问题上的看法也是受自身的社会境况所决定的，并不比对手所具有的观点有更多的正当性和充分性，那么，从意识形态理论到一门普遍的知识社会学的转化就实现了。曼海姆说：

随着意识形态总体概念的一般阐述方式的出现，单纯的意识形态理论发展成为知识社会学。首先，一个特定社会集团发现了它的对手思想中的“社会状况决定论”。然后，对这一事实的承认被详细阐述为一个无所不包的原则，根据这一原则，每一集团的思想都被看作是产生于它的生活状况。这样，思想社会学史的任务便是：不带党派偏见地分析实际存在的社会状况中的一切可能影响思想的因素。[①]

从曼海姆的上述思想中，我们能够看出，他的知识社会学带有比较强烈的社会决定论倾向。在他看来，知识社会学的任务就是要去分析特定的社会情景与特定人群所持有的观点之间的因果关系，从而回答为什么不同的人会对同样的社会事实作出不同判断的问题。显然，他不认为人们那些不同的社会主张和信念有正确和谬误之分，它们都只是社会存在的某种反映。“偏见”和“谬误”只是相对的，站在一个特定的立场上，其他所有的主张都是“偏见”和“谬误”。所以，知识社会学的目的不是去寻找一套放之四海而皆准的评价标准，对各种信念进行真假的判断，而是负责给它们寻找一个合理的解释。所以，曼海姆自觉地将科学知识的大部分排除在知识社会学的考察范围之外，因为科学具有规范的方法，能够对一个命题进行真与假的判定，它的合理性无须借助社会因素就能得到充分的说明。在这一点上，曼海姆跟同时代的逻辑经验主义者的观点是完全一致的。由此，我们也能注意到，20世纪70年代科学知识社会学的兴盛绝非偶然。逻辑经验主义崩溃之后，把科学知识纳入知识社会学的视野之中，就不会有任何障碍。如果科学知识的真假与其他知识一样，也无法判断，那么它有

① 曼海姆：《意识形态与乌托邦》，第79页。

什么样的理由盘踞在人类知识体系的神圣祭坛之上而免受社会学的分析呢？曼海姆所说的“现代思想的困境”，难道不是同样也存在于科学的领域当中吗？事实上，是库恩和拉卡托斯亲自把科学带进了知识社会学的大门，但他们肯定都会矢口否认这一点。

让人啼笑皆非的是，《意识形态与乌托邦》出版之后不久，科学知识社会学的观点其实就已经出现在西方科学史家和科学哲学家的面前了，一个意料之外的访客出于一种完全不同的目的带来了它。1931年，伦敦召开了第二届国际科学大会，与会的苏联学者中一位名为黑森的理论物理学家，在大会上宣读了一篇关于牛顿思想的研究论文。这篇文章将牛顿的物理学思想与当时新兴的资产阶级和商业制度进行了关联，认为脱离开后者就无法理解牛顿的力学体系的来源以及他为什么成功。这种观点正是20世纪70年代后欧美的科学知识社会学主张者中最流行的调调。黑森为什么要写这样一篇论文，说起来颇为曲折。其时的苏联，正在掀起一场围剿爱因斯坦相对论的高潮，很多人指责它是颓丧资产阶级的产物，它对时间和空间的歪曲理解，将引诱人们堕入唯心主义的深渊，侵蚀真正科学的根基。（中国在“文革”期间也发生过类似的事情。）作为一名合格的物理学家，黑森理解相对论的价值，知道自己的同胞这样做最终导致的恶果会是什么。他写这篇文章是想用一种春秋笔法来为爱因斯坦辩护。那些攻击相对论的人都认同牛顿的体系。因此，黑森全力论证牛顿的理论同样是资产阶级的产物，目的是想委婉地告诉他们，资产阶级的唯心主义也能创造出有价值的东西，既然牛顿是这样的，为什么爱因斯坦就不可能是呢？批判唯心主义是对的，但是倒洗澡水的时候连婴儿也一起倒掉就不对了。黑森的这番苦心是不可能公开宣称的，也是他的西方同行们所无法理解的。这样的一种观点只会令他们目瞪口呆。他们感受到的震惊程度，用科学哲学家图尔明非常精妙的比喻来说，就像原本一首恢宏的赞美诗，结果被人论证说其实它只是淫词艳曲。风水轮流转，20世纪30年代的那批西方的科学史家和科学哲学家们当时肯定意识不到,半个世纪之后,这种思想竟会在他们的后辈中成为最为流行的观点。这些后辈很多都会提到黑森,虽然不尊奉他为祖师,但也在一定程度上表达了对他的前瞻性的敬意。

2. “合理性”的社会学含义

人们没能从哲学上对科学知识的合理性进行成功的辩护,与他们会接受从社会学的角度来研究科学知识的合理性问题是两回事。前者只是后者的必要条件,而非充分条件。对很多人来说,他们宁愿在费耶阿本德的阴影之下继续思考科学的规范性和合理性,也不愿意接受一种知识社会学的进路来研究科学知识。因为这意味着对科学一直以来享有的崇高地位——尽管它已经不再被认为是真理——的放弃,科学在本质上将会成为一种跟政治主张、宗教信仰一样的毫无依据的观点和意见。因此,早期的科学知识社会学的主张者不得不为了获得学术界合法的话语权而拼尽全力。其中,巴恩斯的《科学知识与社会学理论》具有重要地位。这本书为后来的科学知识社会学贡献了两个分量十足的观点:一是它从知识的“真实”和“虚假”入手,详细阐述了“合理性”的社会学含义,而且强调这个概念也只能从社会文化的角度才能加以理解;二是它强调科学的本性与历史和神话故事一样,都是一种隐喻。

长久以来,人们习惯于心照不宣地承认,人们的信念从总体上来说可以分为两类:“真实的”和“虚假的”。“前者是直接从对实在的认识中获得的,从这一意义上讲,它们把前者当作是没问题的,而对于后者,由于其中存在着一些偏见和曲解的因素,因而必须予以说明。”[①] 换句话说,真实的信念是人利用自身固有的认识能力(不管是心理的还是经验的)对于实在的反映和把握,只要不折不扣、严肃认真地按照人类自然理性的指引,就能达致正确的结果。但是,人们往往并不能完全做到这一点,很多时候由于情感、偏见、利益等因素的干扰,认识的结果就会被扭曲,谬误因此产生。显然,按照这样的看法(即曼海姆和逻辑经验主义者的看法)，对于真实的信念是不需要社会学的分析的，只有虚假的信念才有它的用武之地。人们如果想要弄清楚哪些原因导致了错误的认识，社会学的分析就能发挥作用了。按照这种观点，科学知识当然是真实信念构成的集合体，所以社会学理论对科学知识来说毫无用处。当然，科学发展的过程中，经常出现之前的一些理论和事实会被否定的情形，但是巴恩斯说，这并不会让人们放弃社会学无用论。因为人们只要把“真实的信念”用“合理地从可获得的证据中得出结论”来进行替换，似乎就可以规避这种情形引起的尴尬。因此，科学的发展史通常被描述为，人们按照合理性标准选择理论和事实，不断迈向前进的一个线性进程。巴恩斯把这种观点称为知识的“目的论模式”。

按照目的论的模式，对自然的真实描述只有一种，即迄今自然科学提供给人们的世界图景，而正确的合理性评价标准也只有一个，即科学所采用的规范方法，科学的发展史就是在正确的方法指引之下获得正确的世界图景的一个“前后相继的序列”。布鲁尔后来用了一个形象的比喻来说明知识的目的论模式。他说，正确的方法好比铁轨，人们的认识好比火车，除非有意外引起火车脱轨，或者使它偏离正确的方向，否则火车总能到达正确的目的地。如果火车正确地抵达目的地，人们不会画蛇添足地去问为什么，只有火车脱轨或者偏离了既定的方向的时候，人们才会去寻找导致这些情况出现的原因。

① 巴恩斯:《科学知识与社会学理论》，鲁旭东译，东方出版社2001年第1版，第3页。

科学知识的目的论模式在人们心目中具有根深蒂固的影响。但在巴恩斯看来,它的两个假定都是有问题的。首先,不管是从近代自然科学史还是从更广阔的人类文明史来看,人们对自然的理解都是极其多样的。中世纪的世界与近代的世界就完全不同,中国人的世界与欧洲人的世界也完全不同,玛雅人的世界与同时代其他文明的世界也风格迥异,没有充分的理由证明科学描绘的世界就是那个唯一的真实世界。其次,人们之所以相信自然科学是对外部世界最好的描述,其根本原因在于人们相信科学的研究方法是唯一合理的研究外部世界的方式。但这不是理所当然的,而是需要证明的。问题是,巴恩斯认为,这根本得不到任何有效的证明。他从文化人类学对阿赞德人的神谕制度的考察出发,详细阐述了这一点。

阿赞德人是生活在非洲的一个有着悠久历史的古老部落。他们一向广受文化人类学家的喜爱,因为他们至今仍然保持着比较原初的生活方式和习俗,研究他们对于重建早期人类文明的演进史很有价值。阿赞德人有一种按我们今天的眼光来看,完全属于巫术和迷信的神谕制度。如果碰到重要而又悬而未决的问题,他们就会通过这种奇特的神谕制度方式向神求助。他们会给精心培育出来的小鸡喂食一种特制的毒药,然后提出只能以"是"或"否"来回答的问题,最终根据吃下毒药的小鸡是生是死来判断神所给出的谕示。今天的人们会毫不犹豫地断言这是荒谬的、不合理的,它本质上跟人们在做数学选择题时,不是靠分析和推理,而是靠抛硬币来决定选择哪个选项一样。然而,巴恩斯从三个方面对这种观点进行了反驳。

首先,这种制度同样建立在可以严格观察和检验的经验事实的基础之上,它不是依靠任意的推定来得出结论的。不管是毒药的制取、小鸡的饲养、小鸡吃下毒药后的状态,完全都是能够观察和记录的。

其次,这种制度在逻辑上是自洽的,小鸡的生存与死亡,严格对应着问题的是与否的判断,没有任何会引起理解上的混乱之处。甚至,如果是特别重大的事件,阿赞德人通常会进行多次的实验对照,以保证获得的结论的正确性。他们会给两只不同的小鸡喂食毒药,然后分别对二者提出两个完全相反的问题,观察最终的结论是否一致。比如说,如果对第一只小鸡提的问题是“明天一定会下雨对吗?”那么,对第二只小鸡提问就会是“明天一定不下雨对吗?”如果两只小鸡一生一死,答案就能确定;如果两只小鸡同时死亡或同时活着,那么就意味着神暂时不准备回答这个问题。

第三,有人可能会说,就算前面两点不是诡辩,也不能说明阿赞德人的神谕制度是合理的。人们之所以认为它不合理,是因为它根本不会起作用。这种观点其实是人们为科学辩护的最大底牌——实用性的变种。这种观点看上去非常犀利,似乎击中了问题真正的关键之处。但巴恩斯不这么认为,他进一步追问道:说神谕制度不起作用是什么意思呢?在阿赞德人悠久的历史当中,神谕制度一直在非常成功地运转着,对他们的日常生活发挥着极其重要的指导作用,怎么会认为它不起实际作用呢?中医爱好者应该非常赞同巴恩斯的这个观点。当很多人从现代医学的标准说中医没有用的时候,中医爱好者最喜欢的一个反驳理由就是,中医在中国上下5000年的历史里挽救了那么多人的生命,竟然说它没有用,真是有眼无珠。所以,阿赞德人的神谕制度在他们的社会文化生活中是成功(起作用)的,就像中医在中国人的社会文化中也是成功(起作用)的一样。

认为阿赞德人的神谕制度确实不合理的人会继续质疑说,这种观点误解了“有用”的意思,说它没有用是说它对未来的预测不准确、不靠谱,跟靠蒙没有什么两样。巴恩斯则指出,科学对未来的预见也常常失败,但是也没有人会指责它不靠谱,是纯粹在蒙。他们会像拉卡托斯说的那样,添加一些辅助性的假说来遮掩这些失败。科学可以这么做,那么阿赞德人为什么不能这么做?如果某次神谕的指示与后来事情的发展过程不一致,他们完全可以为自己这一悠久而又值得骄傲的制度辩护,如主持仪式的祭司是不应该洗澡的,可是他之前刚刚下海捕过鱼,这就相当于洗过澡了,所以导致了错误的发生。这只是打个比方,但在实践中,阿赞德人的确是按照类似的方式来为他们自己的这一传统习俗辩护的。

所以,巴恩斯的结论是,人们其实并没有足够的理由说阿赞德人的神谕制度是不合理的,或者说我们今天习惯的自然科学的实践活动比它更合理。人们之所以理直气壮地认为神谕不合理而科学才合理,实际上是先在的就认定自己手中掌握的科学知识是唯一合理的知识体系的结果。这是一种彻头彻尾的循环论证,今天的人们只是自恋地把自己当成了真理的尺度,然后用这种尺度去衡量不同的文化和制度传统,根据它们与自己的近似程度来判定它们的进步和合理程度。好莱坞在1980年曾经推出过一部具有深刻内涵的、非凡的喜剧电影——《上帝也疯狂》。电影中有一个耐人寻味的细节:主人公从丛林深处的部落走出来,迎面看见一群羊大摇大摆地正在草原上进餐。大喜过望的他立即弯弓搭箭射向这些美味的猎物。结果还没等他饱餐一顿,两名壮汉就把他扑倒在地,带进了警察局。主人公完全不能理解为什么人们要对他提出盗窃指控,因为在他的部落中,所有一切都是共有的,没有私人财产的观念。他根本就不明白"盗窃"是什么意思。巴恩斯前瞻性地揭示了这部电影想要表达的某些理念:合理的行为和合理的信念的判断标准,深深根植于一个具体的历史和文化传统的内部,那种想为合理性找到一个普遍客观的评判标准的努力是徒劳无益的,而那种认为自己对合理性的认知就是普遍客观的评价标准的人只是极度自恋的自大狂。

巴恩斯并不满足于从具体的案例入手论证上述观点,他还以卢卡斯为标靶,对人们试图从理论上论证存在普遍的"合理性"准则的工作进行了有力的批评。卢卡斯认为,普遍的合理性准则是存在的,至少存在两条这样的在所有的社会文化背景中都通用准则。第一条可以称为实在(真理)标准,第二条可以称为逻辑标准。前者的意思是一个合理的东西必须与某种一般性的和独立的实在相一致。这一标准事实上就是逻辑经验主义存在中性、独立的经验事实这一观点的翻版。只不过逻辑经验主义是在科学的领域中作出这个假设的,而卢卡斯则把它推广到了人类所有不同的文化和社会传统当中。他认为人的感觉经验是共通的,所以虽然身处不同的文化情境中,但人们对一些基本的事实完全能够达成共识。后者的意思是一套陈述不能违背同一律和无矛盾律。

巴恩斯对卢卡斯的反对意见是,如果这两个标准是在一个既定的社会文化系统中约定俗成地使用,是没有任何问题的,但是如果我们要想将它们拓展为某种普适的超越社会局限的准则必然会碰到大麻烦。

巴恩斯用非洲原住民努埃尔人的一个观点作为例子来反驳第一个标准。努埃尔人认为"双胞胎都是鸟"。如果按照卢卡斯的观点,这个陈述是不可理解的,也是不合理的,它无法与任何观察经验相一致。但巴恩斯说,努埃尔人语言当中的"鸟"并不是西方语言中的"鸟",他们话语体系中的鸟本身就包含着双胞胎的灵魂的含义,在他们看来,这个陈述是完全合理的、可理解的,也是能够观察到的。作为中国人,我们应该对此感受甚深,譬如说,大家都熟悉的"上火"这个概念,但是任何一个不熟悉中国文化的外国人都很难理解它的意思。他们在初次接触这个说法时,肯定会觉得荒唐而且莫名其妙,人体中竟然有一种"火",它把嘴唇烤得干裂,让鼻子流血,把眼白烧出血丝,但不会把人点燃。这得有多神奇、多不可思议啊!中国人则只会对外国人这种少见多怪的态度嗤之以鼻,而不会觉得上火这个说法有任何不合理的地方。所以,巴恩斯认为不同社会文化背景中的观察和描述语言是不可通约的。因此,第一条标准并不成立。

巴恩斯用反证法对第二个标准进行反驳,使用了当代物理学中的理论陈述的例子。晶体物理学和热力学是当代物理学的两个重要分支。晶体物理学假定晶体中的原子是规则排布的,它们有固定的位置,然后彼此通过相互之间的作用力而构成更大尺度的宏观结构,从而表现出一些特殊的物理性质。而热力学则完全相反,它假定组成物质的微观粒子处于永不停歇的运动之中,它没有固定的位置,也不可能测定它的准确位置,物质的密度、温度等都只是这些微观粒子平均运动的结果。人们能够轻易发现,二者的前提是相互矛盾的。类似的例子不仅存在于物理学中,任何自然科学的学科及学科之间都存在大量逻辑不自洽的假定。巴恩斯说,如果真要严格执行卢克斯的无矛盾标准,现代科学体系中的大部分都是不合格的,都属于不合理的陈述,科学的研究实际上也将无法进行。因此,无矛盾性不是一个普遍的合理性准则,它只能在某一个范围确定的领域里起到指导作用,而不可能不加限制地推广到哪怕同一文化体系的不同部分当中。

根据以上论述,巴恩斯说自然科学的信念在社会学的视野中不应该享有某种特殊的优越地位,它和其他任何信念体系在合理性问题上面临的问题是一样的。他说:

> 我们没有任何合理性标准可以用来普遍地对人类的理性活动加以约束,并且可以把现有的信念体系或它们的组成部分分为合理的和不合理的。制度化的信念的可变性,不能通过构想外在原因会导致与合理性的偏离来解释。同样,自然科学的文化,也不可能由于其合理性就会成为一种在普遍的而非约定的意义上与众不同的东西。[①]

在论证了合理性是一个社会学的概念后,巴恩斯毫

① 巴恩斯:《科学知识与社会学理论》,第55页。

不犹豫地把科学理解为人类众多文化体系中的一种,而不再是某种真理体系,或者说真实陈述的结合体。他首先认为,科学并非遵循某种既定方法或者程序的规范活动。尽管在科学当中,我们能够看到很多共同的特点,譬如对拟人化的反感,对超自然现象的抵制,以及数学化和定量化,等等,但是如果我们试图用单一的普遍标准来界定科学的话,无疑都会走入死胡同。此外,科学并非对自然的反映或者说对现象的纯粹归纳,它本质上是一种隐喻。所谓隐喻,原本是修辞方式,本意就是类比。他认为:

> 理论是人们创造出来的一种隐喻,创造它的目的,就是要根据我们所熟悉的、已得到完善处理的现有文化,或者根据新构造的、我们现有的文化资源能使我们领会和把握的陈述或模型,来理解新的、令人困惑的或反常的现象。[①]

这段话表达了两个意思。其一,科学理论是人们通过类比的方式构造出来的,对于陌生的新对象,最开始人们所知有限,此时就把它想象为某种类似的熟悉的东西,从而获得对陌生现象可能具有什么性质的猜测。其二,科学的发展依赖于隐喻的扩展或变迁,而不是逻辑对经验事实的整合。

巴恩斯在化学方面有专业学习的背景,所以他选择了道尔顿的原子论来说明这一点。在道尔顿之前,化学的理论和技术已经有了长足的发展,尤其是在天平这样

① 巴恩斯:《科学知识与社会学理论》,第69页。

的仪器广泛使用之后，人们在定量方面的研究有了新的突破。但是对于元素的性质和化合物的成分之间的关系等问题，仍然缺乏统一且明晰的解释。道尔顿提出的原子论，恰好用一种非常直观的方式，把这些问题纳入到了一个统一的图景之中。但是，原子论本身并不是描述性的，而是隐喻性的，它显然是把物理学中关于微粒运动的图景以及宏观固体的一些性质结合起来，通过类比的方式引入化学之中的结果。

原子论的隐喻性质在最开始人们对它的评价中可以说显露无遗。在原子理论创建的过程中，人们大致有三种不同的评价意见：第一种是坚决拒斥，认为它根本就是虚妄的无稽之谈，没有任何直接观察证据；第二种是实用主义的态度，把它仅仅当成一种有用的假设，就像哥白尼的学说在开始也被很多人认为只是一种数学的假设那样；第三种是热情欢呼，认为原子不仅是有用的，也是真实的存在之物。这三种评价都不依赖于所谓的事实，其中起重要作用的往往是人们的世界观、审美偏好，甚至政治主张，等等。所以，科学的隐喻性质决定了人们对它的评价不可能有一个完全客观的评价标准。不过，如果一种隐喻获得足够多的成功，也就是当它预测的新事实逐渐被确证，人们完全接受它之后，它的这种隐喻色彩就会淡化甚至消失，从而被人们认为是对实在的真实反映。原子论后来的发展也表明了这一点。

由于科学的隐喻性质，它并不能完全凭借所谓真正的事实来获得人们的认可。所以，科学在传播过程中，跟其他文化形式在传播过程中一样，也是通过各种“花言巧语”来粉饰自己的，从而达到让人们接受自己的目的。科学家会有意无意地隐瞒科学中失败的记录，有选择性地挑选那些结论漂亮的成果来宣称自己的成功，而且特别强调科学的结论不包含任何社会成分，是客观的和真实的。巴恩斯认为，这些都是科学在争取更多社会资源时，用来美化自己的常用套路。

把科学理解为一种隐喻，实质上强调的是它的建构性，即科学的理论是心灵把自己熟悉的东西向外部世界投射的结果，而不是像人们一般认为的是心灵对外部世界的反映和归纳。这使得科学知识社会学者在解释和理解科学史时具有了更大的自由度和可以发挥的空间，也极大地重塑了科学的形象。它不仅消解了科学知识的独特地位，也消解了科学知识与其他社会思潮之间的界线。差不多跟《科学知识与社会学理论》同时，扬出版了《达尔文的隐喻》。扬在这本书中考察了达尔文进化思想的产生过程，并且得出了与一般科学史完全不同的结论。人们通常认为，那种鼓吹自由竞争的社会达尔文主义是受达尔文进化论思想激励的结果，但扬认为，事实的真相应该是倒过来的，19世纪英国流行的自由竞争的经济模式及其相应的思想才是激励达尔文提出进化论思想的原因。

扬特别强调达尔文与马尔萨斯之间的关联。马尔萨斯在《人口论》中极力称赞自由竞争对于人类社会演进的重要性，他注意到按照自然的方式，人口增长的速度一定会大于食物供给的增长速度，整个社会最终将会因为食物短缺而崩溃。所幸，世界的创造者早已设计好了一切，经济上的竞争、国家之间的战争、自然灾害、瘟疫等等都是有效削减人口数量的自然规律。换句话说，马尔萨斯认为在整个人类社会之中，对资源的争夺无处不在，但这正是人类整体社会不断向前迈进的驱动力。扬对马尔萨斯的考察意在表明，人们后来用“达尔文主义”来指称的那些思潮，在达尔文之前早已经存在了，它其实是整个维多利亚时代英国最为流行的意识形态，马尔萨斯的人口论只是其中最有影响力的代表之一。扬进一步指出，达尔文进化论中的两个核心思想：“过度繁殖”和“种内斗争”，实际上都来自马尔萨斯，这在其日记中可以得到最为明确的佐证。因此，“物竞天择、适者生存”是达尔文把当时社会流行的意识形态通过隐喻的方式，投射到自然界之后得出的结论，而非像人们所认为的那样来自达尔文对自然现象的观察和归纳。当然，达尔文在其巨著《物种起源》里面，很好地掩饰了这一点。他按照经验科学的归纳方式论证了自然选择的合理性，而尽量淡化了他所提供的自然世界的图景与当时的人类社会图景之间的相似性。

在扬看来，只有抓住达尔文进化论的隐喻性质，才能很好地理解它的思想渊源，也才能很好地说明它为什么在如此短的时间里就能够大获成功。众所周知，进化论对基督教思想的挑战是极其巨大的，其尖锐性要远远超过哥白尼的日心说，按理说它应该引起人们更加强有力的抵制。但人们对进化论的吸收和理解非常迅速，在短短的二三十年间，整个欧洲的精英阶层就完全接纳了它。扬认为，其中的奥妙就在于进化论的隐喻来自当时流行的社会文化风尚，二者之间的共振大大消解了人们接受它的障碍。扬的这种思路与黑森当年阐述牛顿的论文如出一辙。

3. 强纲领

出版于1976年的《知识和社会意象》，算得上科学知识社会学的一部旗舰式作品。如果说巴恩斯主要立足于“破”的一面，即揭示正统科学哲学拒绝社会学介入科学知识的内容和形式的研究的理由并不充分，那么，布鲁尔在这部作品中则着重于“立”的一面，即科学知识社会学想做什么以及能做什么。曼海姆的知识社会学思想，很多都还处于一种含而不露的状态，布鲁尔将之进行了精细化的重构，并结合诸如巴恩斯等倡导对科学知识展开社会学考察的学者的观点，详细阐述了科学知识社会学的基本立场和研究方法，然后在自己熟悉的数学和逻辑学的领域内，为科学知识社会学提供了一个范例性的研究。布鲁尔的目标是把知识社会学构建为涵盖一切信念的普遍的社会学。他把这种新的社会学范式的指导原则称为“强纲领”，进而把它与之前的知识社会学及默顿式的科学社会学区分开来。

在该书中，布鲁尔直言不讳地表明了自己在知识论问题上强硬的社会学路线。这从他对“什么是知识”言简意赅的回答中就明明白白地显露无遗了。他认为，“知识”和“信念”这两个概念表达的意思没有本质的差异，它们都意指人对世界的某种观点和看法。二者的不同仅仅在于，“知识”是一个群体性的概念，而“信念”则是一个个体性的概念。对社会学家而言，知识是在一个特定的群体中取得成功的信念，而不是被证明为真的信念。因此，说某个信念是“真实的”还是“虚假的”完全没有任何实际意义。人们使用这两个修饰语通常是想要说明，一个信念与某个实在的距离的远近，近的为真，远的或相反的为假；但是，它们实际上反映的只是一个特定群体中人们对它的一致性认可的程度，一致性程度高的为真，一致性程度低的为假。而且，这里的一致性不是休谟所说的“自然的一致性”，也不是实在论者所说的认识与外部实在的相符，而只是人们经过磋商之后达成的共识或者约定。也就是说，“人们认为什么是知识，什么就是知识。”[1] 显然，布鲁尔把巴恩斯的立场向前大大推进了一步，他明确而且彻底地拒绝了以知识的真假作为判断其合理性的依据的传统知识论路径，而代之以讨论知识的成败的社会学路径。

有人也许会说，布鲁尔的这个结论太武断，太过绝对，令人难以接受。但只要想想我们在前两章中介绍的主要内容，我们就能意识到，布鲁尔的结论并不新鲜，它只是之前的那些科学哲学家留给他的礼物。布鲁尔得出这个结论一点也不武断和绝对，这完全是一个水到渠成、瓜熟蒂落的事情。

由此，布鲁尔把曼海姆关于“谬误”和“偏见”只是相对的这一观点，推广到了所有的信念之上。所谓“错

① 布鲁尔：《知识和社会意象》，艾彦译，东方出版社2001年第1版，第4页。

误”,并非因为它真是错的,而只是人们认为它是错的,科学知识也是如此。因而,知识社会学的研究对象不再仅仅限于政治主张、宗教信仰之类的信念,而是包含了科学知识在内的人类所有的信念。他的雄心壮志是,建立起一门普遍的、适用于所有人类信念体系的社会学。布鲁尔把这样一种社会学称为“强纲领”的社会学。“强”的意思是指,它无差别地用社会学的方法分析人类所有的知识体系,而不是选择性地认为其中的某些错误的部分才需这种分析。之前曼海姆的知识社会学和默顿的科学社会学都是“弱纲领”的,它们都把科学知识作为特殊的一类知识排除在社会学考察的范围之外。曼海姆虽然强调人们的各种观念都是被他们的社会的文化背景和社会结构所决定的,但科学知识不在此列。默顿虽然强调社会因素对科学发展的作用,但他认为这种作用是外部的,他研究的主要目的是想找出哪些社会因素对人们坚持正确的方法得出合理的结论是有帮助的,而哪些则可能对此产生负面的作用。布鲁尔认为,他们二者的态度都派生于巴恩斯所说的科学知识的目的论模型,弱纲领的社会学只是一种特殊的社会学(只针对部分信念)而不是普遍的社会学(针对所有信念),它是社会学家自我“阉割”的一种产物。

那么一种健全的非“阉割”的强纲领社会学如何实现呢?布鲁尔提出了四个方法论的指导原则,它们分别是“因果性”“公正性”“对称性”“反身性”。只要严格遵循这几条原则,一门关于信念的普遍的社会科学就能建立起来。具体来说,这种社会学应该是这样的:

一、它应当是表达因果关系的,也就是说,它应当涉及那些导致信念或者各种知识状态的条件。当然,除了社会原因外,还会存在其他的、将与社会原因共同导致信念的原因类型。

二、它应当对真理和谬误、合理性或者不合理性、成功或者失败,保持客观公正的态度。这些二分状态的两个方面都需要加以说明。

三、就它的说明风格而言,它应当具有对称性。比如说,同一些原因类型应当既可以说明真实的信念，也可以说明虚假的信念。

四、它应当具有反身性。从原则上说，它的各种说明模式必须能够运用于社会学本身。[①]

按我的理解，布鲁尔的上述四条原则并非平行关系。其中，第一条是核心，第二条和第三条是第一条的展开或者说必然推论，第四条则是第一条的补充，是一门普遍性学科的自我要求，如果一门号称具有普遍性的学科却把自己视为特例排除在外，在逻辑上就是不自洽的。以下我们分而述之，重点是详细阐述他的因果性的内涵。

如果说知识没有绝对的真假，而只有在特定社会中的成功和失败，那么人们当然要对它们为什么成功和为什么失败作出因果性的说明。这就是因果性的含义。之所以说这一要求是布鲁尔科学知识社会学的核心，是因为它非常明确地表达了与科学知识的目的论模型格格不入的另外一种立场。我们之前已经说过，目的论模型认为，科学知识是特殊的，它们是人们使用正确的方法得出的合理结果，无须考虑任何社会性的、因果性的说明。而因果性模型则断定，科学知识当中必然包括社会性因素，也就是说，之前人们认为只会进入到个人的政治主张、艺术观点、宗教信仰等意识形态，以及社会地位、阶层等社会性境况，也会进入到科学知识之中。这突破了人们通常把科学知识理解为对自然现象的归纳和反映的观点，也是很多人痛恨科学知识社会学的原因。

① 布鲁尔：《知识和社会意象》，第8页。

要正确理解布鲁尔所说的因果性，需要从两个方面来加以把握。首先，他认为人类所有知识在本质上都是相同的，无论从方法还是内容上，人们都无法对任何不同的信念体系作出合理性的判断。因此，所谓的合理性只是人们经过磋商之后达成的约定或共识。举个例子来说，两个党派就如何实施一项社会改革争执不下，一轮又一轮艰苦的谈判之后，彼此之间相互妥协，最后形成一个共同认可的决议。这个决议之所以能够推行，不是因为它多么真实、多么正确，而是因为它是当时人们唯一能够接受的共同意见。布鲁尔的意思是，科学知识的形成过程与这个党争的过程一样，最终被人们接受的理论并非意味着它多么真实、多么正确，而只是大部分科学家能够赞同它。人们接受它的理由多种多样，有人认为它足够简单，有人认为它与自己的宗教信仰一致，有人认为它符合自己认为的事实，有人认为它与自己对世界的假定一样，有人认为它最能表达自己的政治立场，有人认为它能给自己带来最大的利益，等等。总之，社会学家在回答人们为什么接受和否定一个理论的时候，必须要将各种可能的社会因素都考虑进去，就像他们研究其他非科学的信念一样。

不过，布鲁尔特别指出，把科学知识理解为一种具有社会文化因素的约定，并不意味着科学知识是人们随随便便、简简单单地胡扯一下就能得出的，也不意味着科学知识纯粹是空洞的，在指导人类社会实践方面毫无作用。他用了一个印第安人的例子来对此作出说明。印第安人的勇士在一个部落中享有无上的尊荣，什么样的人能够称为勇士当然是部落的约定。但是这些约定其实都非常严格，一个年轻人要想获得这个荣誉，需要付出巨大并且是普通人难以做到的努力。同样，虽然科学知识本质上是一种约定，但是必须要用心血去浇灌才能得到。关于什么样的信念能够称为科学知识，布鲁尔认为人们其实有一个最为严苛的约定：它必须“可以作出成功的预见”[①]。遗憾的是，后来很多攻击科学知识社会学的人并没有注意到这一点。他们仅仅是听说布鲁尔把科学知识当成了一种磋商后的约定，就想当然地以为他把科学知识与人类生活中那些无聊的八卦、毫无依据的传说视为同类的东西。然后，这些人就得意扬扬地觉得自己找到了科学知识社会学的死穴，他们声称只有科学才能让飞机在天上飞，而那些无聊的八卦和毫无依据的传说是不可能做到这一点的，它们只能让牛皮在天上飞，所以科学知识社会学的观点只是不值一驳的胡言乱语。这显然树立了一个错误的靶子。布鲁尔同样不认为八卦和传说能让飞机飞上天，他强调的是，确实只有科学能够成功地让飞机飞上天，但这仍然说明不了科学知识的本质是非约定性的。

其次，如上所言，对一个理论的因果性说明定然包含社会文化因素，但是布鲁尔并未断言唯有社会文化的因素构成了人们接受一个理论的原因。这是人们在理解布鲁尔的思想时最容易出错的一个地方，也是他与后来的拉图尔等人一个非常重要的区别。在1991年《知识和社会意象》再版时，对那些指责他把社会成分作为科学知识唯一要素的观点，他颇有些愤懑地在后记中重申：

> 不。强纲领的意思是说，社会成分始终存在，并且始终是知识的构成成分。它没有说社会成分是知识唯一的成分，或者说必须把社会成分确定为任何变化的导火索：它可以作为一种背景条件而存在。[②]

布鲁尔的经验主义立场与休谟相似，他不接受任何关于人的感觉经验能够反映某种“真实”或“实在”的想法。但布鲁尔自称是一个坚定的唯物主义者，他认为人

① 布鲁尔：《知识和社会意象》，第66页。

② 布鲁尔：《知识和社会意象》，第263页。

对外部世界形成的感知构成了科学知识的基础。也就是说，人的经验在科学知识的形成中同样起作用。这表明，布鲁尔不反对科学知识中包含着某些客观性的成分，他反对的是，人们幻想着能够把科学知识中主观约定的成分剔除出去，只留下完全客观的东西。

布鲁尔调皮地把人能够感知外部世界的能力称为“动物性本能”。动物性本能是人与生俱来的，但是人们并不能确定在什么样的情况下，人的动物性本能是在“正确”地发挥作用，在什么样的情况下是在“错误”地发挥作用。例如，有人说，人们只有在绝对自由、没有任何外部压力的干扰下才能作出正确的观察；但是有很多研究表明，人在一定的压力之下，才能对外部事物作出最为正确的判断，过于放松的自由状态下，观察能力反而是会降低的。而且，就算不考虑上述问题，动物性本能也是无法对它得到的现象给予解释的。一根平直的筷子，放到水中后，人们会发现它变弯了。这究竟是因为水的某种奇异作用弯折了筷子，还是因为光的某种特殊物理性质引起了人眼的错觉，人的感官并不能提供答案。这意味着，人们单靠动物性本能是无从判断自己对外部世界的印象哪些是正确的、哪些是错误的。所以，人的感觉经验是人们建构科学知识的材料，但是它不能起到判决性的作用。此外，与汉森一样，布鲁尔否认人通过动物性本能获得的信息可以直接成为科学知识的基础。与汉森不同的是，汉森认为观察是渗透着理论的，而布鲁尔认为观察不仅渗透着先前的科学理论，还渗透着社会文化的因素。在这一点上，布鲁尔显然吸收了曼海姆的思想。在他看来，人们在观察一个自然现象的时候，他的身份地位和所在群体的意识形态都会对最终的观察结果产生影响。比如说，克鲁泡特金这样的无政府主义者，从自然界物种演进中看到的是“互助”而不是“斗争”，他认为只有学会相互扶持的物种才能长久地生存下去，一味只知道巧取豪夺的物种最终都只会消亡。

因此，布鲁尔的因果性模型想要表达的观点是，科学知识是在人的感觉经验和社会文化因素共同作用下产生的。人们并不能把它们区分开来，或者说只看到其中的一个方面。他用了力学中最基本的一个原理——力的合成法则，对此进行了形象的说明。学过初中物理学的人都知道，两个力对同一个物体起作用，最终的效果是依据平行四边形法则来确定的。这两个力的大小和方向确定了平行四边形的两个邻边，这个平行四边形从这两条邻边的交点引出的那条对角线就是合力的大小和方向。与此类似，可以把人的认识过程视为一个平行四边形，人的感觉经验是其中的一条边，与它相邻的另一条边是既有的社会文化背景，认识的最终结果就是这两条边所夹的那条对角线。

按照因果性的上述内涵，公正性和对称性就是坚持这一认识论路线的必然要求，它们是一体两面的关系。公正性要求人们对一切人类知识中所谓的正确和错误、真理和谬误都要一视同仁，因为在社会学家眼中只有成功和失败，它们都是需要解释的对象；对称性则要求人们对相对应的正确和错误的知识的因果性说明要采取同样的方式。

先举一个容易理解的例子。众所周知，托尔斯泰的《安娜·卡列尼娜》的扉页上印着一句经典的名言："幸福的家庭每每相似，不幸的家庭各有各的苦情。"如果研究婚姻的社会学家依照这句名言指导自己的研究，只关注不幸的婚姻背后的种种根源，而把幸福的婚姻排除在外，那么这就不是公正性的。如果社会学家说一个不幸的婚姻主要是由于门不当户不对，而说一场幸福的婚姻是因为它乃天作之合的金玉良缘，那么这违反了对称性。如果社会学家是从夫妻双方的性格特点、成长的环境、社会地位等因素出发来讨论导致婚姻不幸福的根源，那么他们也必须从这些角度分析幸福的婚姻为什么成功，这才满足公正性和对称性的要求。

同样道理，在科学知识中也应该如此。比如上文提到的克鲁泡特金的互助论是一个失败的科学理论。人们通常会这样解释它的失败，克鲁泡特金本人主张温和的渐进式改革，反对激进的暴力革命，这使他刻意歪曲地理解自然现象，并得出了错误的结论。相反，达尔文的进化论是一个成功的科学理论，科学史家在研究达尔文的进化论时却对他的意识形态背景置若罔闻，认为达尔文纯粹是按照正确的方式去研究自然现象，从而归纳出进化论的。按布鲁尔的看法，这就是典型的缺乏对称性的说明。如果人们认为意识形态因素影响到了克鲁泡特金的认识，而又假定同样的因素对达尔文不起作用，这是匪夷所思的。

具有对称性的说明方式应该是，如果人们假定有什么样的因素在认识过程中起作用，那么不管一个理论最终是被人们接受还是抛弃，都必须对这些因素在其中所起的作用进行说明。所以，如果人们认为克鲁泡特金的互助论受到了其政治主张的影响，那么在对达尔文的进化论进行考察时，也必须研究其政治主张对其理论的影响。那些得出正确结论的科学家没有生活在真空中，他们和那些得出错误结论的人都暴露在社会文化的露天广场之下，凭什么认为他们就有比较强的免疫力，不受到各种政治偏见的不良细菌的感染，而那些得出错误结论的人就会呢？公正性和对称性实际上体现了布鲁尔一种超强意义上的普遍主义预设，知识是人类精神世界的产物，而人类精神世界是统一的，没有理由认为，人类精神世界存在的弱点只会在其中的一些产物中起作用，而在另外一些产物当中不起作用；或者说这些弱点只在某些人身上有，而在另外一些人身上则无。

根据以上的讨论，公正性和对称性是两根支柱，支撑起了布鲁尔的因果性模型。而反身性，则是知识社会学因果性模型从逻辑完整性来说对自身的一个要求。反身性的思想在曼海姆那里已经有了，他指出只有社会学家充分意识到自己的主张同样受限于意识形态的偏见的束缚时，一种普遍的知识社会学才能够成为可能。因此，所谓的反身性意思是说，科学知识社会学的主张本身也是一种信念，因此它倡导的因果性、公正性、对称性的方法论要求也适用于对它本身的研究。它加诸其他信念之上的那些方法也完全可以加诸于它自己的身上。显然，没有反身性的知识社会学只会是独断论的，而不是普遍意义上的。

就像一个严于待人、宽以待己的人是没有公信力的一样。只有“己身正”,才能够“不令而行”。当然,以这样一种高调姿态提出反身性的要求是必须的,但是至于说如何做到真正意义上的反身性则是另外一回事。布鲁尔这本书中没有提,其他同类型的作品实际上也很少有人提。

布鲁尔虽然强调强纲领的因果性模型与目的论模型是相互排斥的,但他并未宣称目的论模型是错的,因果性模型是对的。他认为二者都只是“形而上学的假设”。这看上去有点出人意料,但却是可以理解的。一方面,如前所述,早期的科学知识社会学的主张者,目的只是争取这门学科的话语权,如果让人们意识到目的论模型只是关于科学知识的一种形而上的主张,因果性模型在这一点上跟它相比没有任何先天的弱势地位,那么这种目的就能达到。目的论模型在人们心目中的地位本来就牢固无比,一定要说它是错的,反倒容易激起人们更多的反感,不利于因果性模型的成长。

另一方面,布鲁尔本人的经验主义立场也决定了他的这个观点。休谟只是论证了人们的感知能力并不能形成任何实体的观念,但他并未断定说实体一定就不存在。布鲁尔在这一点上与休谟是相同的。假如实体真的存在,而且人的感觉经验的确能够在某种程度上正确反映实体,目的论模型显然就具有更多的合理性。因此,布鲁尔才把目的论模型和因果性模型视为具有同等地位的形而上学假设。这种手法是人们在辩论中经常采取的策略。如果我们在逻辑上和事实上都有压倒竞争对手的优势,那么就必须毫不犹豫地直接碾压取胜。如果对手存在很多问题,而我们自己也不是那么理直气壮,那么则要装出理直气壮的样子,大声宣称我们和对手都是半斤八两,把自己的立场提升到与对手平齐的地位,从而避免被打压的命运。这说不上是一种非常高明的策略,但无论在哲学史上、科学史上还是日常生活当中的领域,都是人们最常采用的自我辩护手段。它虽未必能战对手而胜之,但大部分时候全身而退却是可能的。

当然,布鲁尔也暗示,在某些方面,因果性模型的确比目的论模型更有优势，更合理。目的论模型虽然从其自身的立场来看，也是逻辑自洽的，但是它设定了科学知识是知识体系中一个特殊的存在，这其实与科学要求的普遍性相抵触。而因果性模型中没有任何具有特殊地位的存在物，所以它才真正践行了科学追求的普遍性原则。所以，就像赖欣巴哈认为逻辑经验主义才是真正的“科学的”哲学一样，布鲁尔认为科学知识社会学才是真正的“科学的”社会学。他用一种貌似犹疑，实则自信无比的语气说：

我们也许可以说，强纲领具有某种道德方面的中立性，也就是说，它具有的道德中立性与我们已经学会将其与其他所有科学联系起来的道德中立性完全相同。它还把下列需要强加给自己，即追求与其他科学所追求的普遍性完全相同的普遍性。人们选择接受目的论的观点，就会背叛这些价值、背叛经验科学的研究方法。[①]

接下来，布鲁尔讨论了四种对强纲领的常见反驳，并为之进行了辩护。第一种就是目的论模型持有的立场，第二种则是前者的一个经验主义变种，对于这两种反驳我们之前已经有过充分讨论，此处无须多谈。第三种反驳，布鲁尔称为“来自社会学的自我驳斥”。持有这种观点的人逻辑如下：强纲领试图建立起关于知识或者说信念的一种普遍的社会学因果性模式，假设此为真，则所有知识都是由社会存在或社会角色持有的立场所决定的，而强纲领本身亦是一种信念，因此它同样是由

① 布鲁尔：《知识和社会意象》，第17页。

社会因素影响或决定的；然而，如果信念中含有社会因素，则必定是虚假的，或者说没有根据的，所以强纲领也必然是虚假的，因此知识社会学的强纲领必然陷入自我驳斥的陷阱。在布鲁尔看来，这种观点显然是错的，因为它得出结论的前提是一个信念当中如果含有社会因素则必定虚假，这个前提本身就是有问题的。很多人之所以认为这个前提是理所当然的，在于他们认为正确的信念是按照既定的原则得出的，其中绝不含有任何外在的社会因素。显然，这正是目的论模型包含着的假设。换句话说，这些人之所以认为强纲领会自我驳斥，只不过因为他们已经站在了目的论模型的立场之上。

第四种反驳，布鲁尔称为"关于未来知识的驳斥"。像波普尔这样的人认为知识社会学这样的学科是没有意义的，因为它无法准确地预测未来。他的意思是说，如果知识社会学家确如他们所言，能够告诉人们知识是如何由社会存在决定的，那么他们就应该能够对将来的物理学、化学知识是什么样子，以及物理学家和化学家会如何研究作出有效预测。但是显然知识社会学家做不到，因此他们的研究当然毫无价值。在波普尔看来，自然科学最重要的价值就是它能够对未来发生的自然现象作出准确的预见，而不是事后诸葛亮式地给出某个现象的牵强解释。知识社会学这样的学科无法提供预测，只是在人们提出什么理论之后，才冒充内行的样子给出其之所以出现的种种理由，所以它是假科学。

布鲁尔对波普尔的反驳分为两个部分。布鲁尔坦率地承认，知识社会学在预测方面的确不在行，常常不能进行有效的预测，或者预测总是出现错误。但是如果据此就拒绝知识社会学，其实是对自然科学和社会科学采用了双重标准。自然科学对将来的预测也不总是对的，但人们并不因此放弃它，而是投入更多的人力和物力去发展它。为什么对知识社会学就要以一种苛责的眼光去看待它呢？布鲁尔颇有些委屈地抱怨说，知识社会学经常预测错误，并不能成为"阻碍知识社会学家根据经验性个案研究和历史性个案研究，系统论述各种推测性理论，并且以未来的研究检验这些理论"[①]的理由。相反，这恰好表明知识社会学需要更加充分的研究。

布鲁尔进一步指出，波普尔反对知识社会学的深层动机来源于他反对社会运行存在规律性。但所谓的自然规律其实是人们从大量杂乱无章的经验事实中总结概括出来的，同样道理，为什么我们就必须认为杂乱无章的历史事实中就没有规律可循，或者说社会本身的运行就必定是混乱而毫无规则的呢？社会学家跟自然科学家一样，都是从经验事实入手试图把握社会运行的某些内在机制，为什么他们的工作就不能得到与自然科学家一样公正地看待呢？按照布鲁尔的说法，如果说自然科学是一种经验科学，那么社会科学同样也是一种经验科学。自然科学的发展过程是一个理论与经验之间不断互动调试的过程，人们在理论指导之下观察经验事实，当经验事实与理论预期不相符的时候，人们会去修正理论或者重新观察事实，最终逐步走向一致。没有任何理由认为，知识社会学家在研究知识与社会存在的关系时不能够做到这一点。可以看出，他的这部分观点与我们在本章开头引用的赖欣巴哈的观点是非常相似的。

布鲁尔的强纲领，以另外一种方式得出了费耶阿本德的结论：就其本性而言，科学知识在人类文化体系中不具有独特性地位。它只是人们在实践中发展出来的众多处理人与自然关系的方式之一，其体内渗透着特定

① 布鲁尔：《知识和社会意象》，第28页。

时代的社会文化因素，它不是对自然的正确反映，而是在自然和社会的双重作用下人们经过磋商而达成的约定。因此，科学的合理性问题不是一个哲学和逻辑学的问题，而是一个社会学的问题。解决科学的合理性问题的起点和关键，是行动者（科学家）和他所处的社会环境，而不是科学知识的内容和它使用的方法。可以说，强纲领对推动认识论从哲学到社会学的转向起到了非常重要的作用。因此，布鲁尔的结论和费耶阿本德的结论看上去相似，实则完全不同。布鲁尔并不反科学，也不反对方法，他的出发点仍然是如何更好地理解科学。他不否认自己的相对主义立场，但是他认为这一立场恰恰是因为坚持和贯彻科学的普遍原则带来的。

布鲁尔有一个耐人寻味的类比。早期的教会教义史的研究者，把那些正统（也就是所谓正确的）教义当作上帝的神圣启示来看待，而只是去讨论那些错误的异端邪说为什么会产生的社会学原因。19世纪中叶，当图宾根教会史学派的学者对正统教义也开始进行同样的社会学分析时，他们遭受了保守信徒强烈的攻击和抵制。因为人们认为这样的做法实际上亵渎了上帝的神圣性，是一种极端对神不敬的行为。布鲁尔说，今天反对强纲领的人跟当时反对图宾根学派的那些人在本质上是同类，只要有人胆敢认为科学知识中包含着社会成分，他们就会大声斥责这是对人类高贵真理的亵渎。讽刺的是，可以肯定，今天抵制强纲领的人们显然不会觉得图宾根学派的学者那么做有什么不对。这恰好是知识社会学一个极好的注脚，哪些是合理的、正确的真理，取决于一个时代的风尚，它们不是不言自明、永恒不变、放之四海而皆准的东西。

除此之外，借用这样一个类比，布鲁尔还暗示，抵制强纲领的人们无须过分担忧强纲领会给科学带来什么样的破坏性影响。知识社会学并不会威胁科学的地位，正像它其实也没有威胁到宗教的地位一样。既然宗教在我们这个时代仍然活蹦乱跳地活得好好的，那么人们又有什么必要担心知识社会学会削弱科学的活力和它的实际用处呢？

4. 实验室或者科学中的江湖?

布鲁尔本科修习的是数学和逻辑学,而数学在所有的学科中直观上是最不可能沾染社会成分的知识体系,因此,他在《知识和社会意象》里以一种"明知山有虎,偏向虎山行"的姿态,对数学是如何在人们的磋商中发展起来的进行了详细的论证。他的这种姿态极大地鼓舞了人们用知识社会学的方法重构科学史的信心,之后出现了一大堆以这种新的编史方式来研究科学史的作品。不过,正像波普尔批评的那样,如果知识社会学只是满足于解释历史,那么它永远只能是一门不入流的学科。科学是活着的存在物,而不是博物馆中的陈列品。所以,即使做不到预测将来的科学是什么样的,但知识社会学至少不能对科学知识在今天是什么样的这个问题保持沉默。这方面,拉图尔和伍尔加的工作是关键性的和开拓性的,他们把强纲领和文化人类学的研究方法创造性地结合在一起,将科学知识社会学推向了一个新的阶段。

《实验室生活》这个名字,清楚地说明了它的研究对象。在当今人类科学实践中,实验室显然具有某种中心地位。它既是科学家日常研究的场所,也是科学知识的发源地和最终的裁判所。拉图尔和伍尔加认为,既然知识社会学家有志于把科学知识与人的社会境况联系起来,那么,不走进实验室之中进行直接的观察,得出第一手的原始资料,而只是妄图通过各种书面资料、已发表文章、科学家对自己工作的回顾或评论来进行研究,是无法达到知识社会学的目标的。因为,在这些业已成文的材料里,科学实践当中某些重要的东西其实已经被遮蔽了。它们无法呈现真实的科学研究是什么样子,通过它们,人们唯一能够得出的结论就是,科学是一项纯粹的、客观的和理性的事业,科学家组成的共同体有效地将各种有害的意识形态和主观遐思都阻挡在科学实践之外了。拉图尔和伍尔加撰写《实验室生活》的目的,就是要亲临现场,打开实验室这个神奇的"黑箱",看看科学家在其中是如何开展日常的研究工作的,并看看他们的行动(科学研究)是否能够保证行动的结果(科学知识)像他们所宣称的那样具有客观性和规范性。

要打开黑箱,文化人类学已经有了一套完整的可供借鉴的研究方法。文化人类学是随着西方在全球殖民的浪潮而发展起来的。它最初是为了满足人们的猎奇心理而对迥异于西方社会的奇风异俗的志怪体描述,毕竟很多上流社会的人们也没有机会亲自涉足那些地方。到19世纪末它逐渐发展成一门比较严肃的社会学研究。有些学者自觉地抵制西方中心主义的偏见,不再将那些与西方文明不同的社会群体看成是未开化的蒙昧族群,而是意识到他们的社会之中也存在着细致的结构和自身合理性的标准。这些学者不再带着高高在上的傲慢心态去评价他们,也不再抱着满足低俗的窥探心理的目的去描述他们,而是把自己当作一个旁观者走进他们的世界,去观察他们的日常生活,倾听他们的交流和对话,记录他们的行为,然后根据这些资料去还原或者说重构那些奇风异俗背后的合理性。这就是文化人类学中著名的田野调查的研究方法。拉图尔和伍尔加把自己想象为一个来自异世界的冒险者,把位于最繁华的都市纽约的著名的索尔克研究所想象为一个藏身于亚马孙原始丛林中的未知部落,按照田野调查的方式,他们开始了一段奇异的科学探秘之旅。他们试图去揭开掩盖在实验室之上的神秘面纱,把科学研究和科学家的日常行为暴露在阳光之下,以更好地评价和理解人类当今最为重要的实践方式。

两位作者果然是讲故事的高手。《实验室生活》是以一段科学家的日常生活记录开始的。我们不妨稍作引用:

9点05分:维利穿过大厅,朝他办公桌走去,他随便说了件事。他说他干了一件大蠢事。他把自己的文章寄了出去……(人们对其余的事就不明白了。)

9点05分3秒:芭芭拉进来了。她问让应该把哪类溶剂放入试管中。让在他的办公桌那里回答问题。芭芭拉走了,返回到实验台。

9点05分4秒:雅纳走进来问马文:"当你准备用吗啡静脉注射时,是用盐溶液还是用水?”伏在写字台上写字的马文没有抬头就回答了提问。雅纳退下。

9点06分15秒:吉耶曼(他是该实验负责人,于1977年获得诺贝尔生理学或医学奖——引者注)进入大厅,环视了一下所有的办公桌,努力把大家聚拢起来开了一个工作会:“这是一桩有关4000美元的生意,至迟要在两分钟后决定下来。”说完他出去了。

9点06分20秒:林尼克从化学实验室走进来。他递给马文一个小玻璃瓶,说:“这是你的200微克。别忘了把编码号记到你的书里。”说完林尼克出去了。

……

9点09分:拉里嚼着苹果进来。他在翻阅最近一期的《自然》杂志。

9点09分1秒:卡特琳进来,坐在大桌子边上,在电脑屏幕前翻阅自己的材料,并开始在一页纸上打格子。马文离开办公桌,从卡特琳的肩上看。“唉,这看来不错。”

……

9点10分2秒:正好在女秘书走后,负责订货的女助理来了。她对维利说他要买的仪器价值300美元。他们在约翰的办公室里聊天,哈哈大笑。之后女助理走了。[1]

类似场景的琐碎描述还有若干,我们无须一一罗列,关键是要抓住两位作者不厌其烦地呈现细节时想要传达的信息。他们想要告诉大家的是,科学家的日常行

① 拉图尔等:《实验室生活》,张伯霖等译,东方出版社2004年第1版,第2页。

为与我们任何一个普通人相比没有什么本质上的差异性。实验室里面的生活，与实验室外面的生活完全一样。科学家并不像人们想象的那样，或者穿着白大褂，用各种精密的仪器在四处搜寻自然的奥秘，或者戴着眼镜板着脸孔，严肃认真地探讨关于自然的真理。他们的日常行为与普通人一样散漫和充满凡俗的烟火气息，一样开口闭口生意和钱，一样啃着苹果看书，一样漫不经心地回答问题，一样随意地一边开着各种玩笑一边从事自己的工作。科学家同样是凡夫俗子，而不是与普通人不同的超凡入圣的智者。如果说要想打破人们心目中对某些特殊领域的神圣性幻想，没有比直接描述这个"神圣"领域中的那些人的日常生活更有杀伤力的武器了。它能够让人们心目中的神圣幻想在瞬间溃散，从而使我们意识到其实我们与他们没有什么区别，一样都需要吃喝拉撒睡，一样都有各种烦闷、开心、愤怒与喜悦。我们与他们的不同只有职业上的差异，没有属性上的鸿沟。

可以说，《实验室生活》一开始就为人们奠定了理解科学的基调：它不是由圣徒们从事的神圣事工，而仅仅是普通人参与的凡俗职业。既然如此，人们就不要对科学家用来描述自己工作的那些词汇（如"事实""真实""真理""逻辑"等）抱有过高的期望，也不要对科学家在从事研究时的行为抱有不切实际的美好想法。科学只是一种职业，这表明科学家从事这份工作最基本的目的是要赚取工资，进而维持自己的生计。要赚取工资，就需要争取到足够的投资，以保证自己的工作能够不间断地循环下去。那些看上去拥有神圣性含义的词汇，只是科学家用来占领道德上的制高点，从而获得关注和高额投资的修饰语。拉图尔和伍尔加从一个具体的案例入手，详细讨论了所谓的事实是如何被科学家在不断磋商中建构出来的，他们的结论具有相当大的颠覆性和破坏性。这个案例就是促甲状腺激素释放因子（TRF）的"发明"（注意，不是"发现"），吉耶曼和另外一名同行就是以这个成就获得诺贝尔奖的。

一般来说，人的认识总是起于一个最初的认识对象，即使像费耶阿本德和布鲁尔这样激进的学者也不否认这一点。他们只会争辩说,人们无法确定对它的认识是否与它本来的面目相符合,却不会认为认识对象不存在。但是《实验室生活》的作者们甚至连这一点也予以了否认。TRF的研究始于1962年,通过对有关TRF研究论文的详细回顾,拉图尔和伍尔加指出,对于TRF这种物质究竟是什么以及是否存在,人们最初其实是一无所知的,有的只是各种各样不着边际的猜想。因此,作为科学的研究对象的TRF在最开始是不存在的。随着讨论的深入,声音大、力气足、投入多的人的猜想逐渐压倒了其他竞争对手,他们的猜想为大多数参与争论的科学家接受,所有的猜想收敛为一个跟TRF有关的陈述。这时候人们的认识对象才真正产生。也就是说,作为认识对象的TRF本身就是科学家构造出来的。它是实验室研究活动的结果,而不是人们从事实验室研究的原因。然而,随着对象的确定及固定化,事情发生了戏剧性的反转。科学家完全忽略了TRF是他们通过磋商构造出来的这个事实,转而认为TRF这种原本不存在的东西是他们提出最初那些猜想的原因,并且开始煞有介事地探求这种存在物的化学结构和分子式。这样,TRF的发明史就改头换面地成了TRF的发现史,它一直存在着,就等着天才的科学家用辛勤的劳动和聪明的头脑,把它的真面目大白于天下。这种观点显然比布鲁尔的更加激进,布鲁尔还会因为人们指控他认为科学知识中只有社会成分而大动肝火,但拉图尔和伍尔加却会坦然地接受这种指控。他们不仅仅模糊了自然和社会的区分,而且还认为自然科学其实跟自然没有关系,它彻头彻尾只是人类社会实践的产物。(需要指出的是,这并不需要以否定自然的存在为前提。)

《实验室生活》对这个过程的描述烦琐而不够清晰,我们用一个寓言故事来重现它的上述结论。从中,我们也能看出布鲁尔与它的两位作者的区别。有一天,天空中出现了一片绚丽的火烧云。一个名为"科学"的村子的村民们满是好奇地抬头望天,七嘴八舌地讨论起这些云彩究竟像什么。有人说像只鸡,有人说像条狗,有人说像个人,有人说像只兔子,不一而足。这时候,村子里最德高望重和最见多识广的老村长颤颤巍巍地走了过来，眯缝着双眼仔细观察了好一会儿，而后清清嗓子说道：“这哪是你们说的那些乱七八糟的东西啊，它明明是匹马啊！你们看，这是它的头，这是它的身子，这是它的尾巴，哇，四条马腿和马蹄是如此的清楚，你们竟然都没有看到！”二牛在村子里最为身强力壮，平时无人敢惹，也出言附和老村长：“老人家就是有见识，我也看出来了，确实是匹马。”众村民一见这种情形，立即纷纷表达了对两位的赞同，随后开始热烈地讨论起天上那匹马的颜色、尺寸、年龄来。最终，科学村向外发布了一个严肃、认真、细致的观察报告——《论火烧云中的马及其负重能力》，引起了极大的轰动。这是布鲁尔眼里的科学。在拉图尔和伍尔加笔下，科学村的村民们其实都患有严重的高度近视，他们对天空充满了好奇，但他们抬起头除了灰蒙蒙一片之外，其实什么也没看见。不过，这没有阻止他们就天空上是不是有一片火烧云展开争论的热情。争论了半天，德高望重的村长和身强力壮的二牛的观点起到了一锤定音的作用，大家相信那片火烧云一定是存在的。确定了火烧云存在这一事实，村民们随即围绕火烧云究竟像什么又展开了热烈的讨论，最终的结论是一匹马才符合逻辑和事实。于是，村民们又对这匹马的颜色、尺寸、年龄展开了新的争论。一段时间之后，村民们惊喜地发现，这匹马的所有的参数已经收集齐全了，他们志得意满地发布了一个严肃、认真、细致的观察报告——《论火烧云中的马及其负重能力》，引起了极大轰动。这时候，连他们自己也都忘了，谁都没有见过那片火烧云，更不用说其中的马了，火烧云和它里面的那匹马都是他们争论出来的。这个故事能够让我们很容易理解，为什么劳丹会把拉图尔们的建构论斥之为胡说八道。

有人从实用主义的角度对这种观点给予了驳斥，假如科学知识纯粹是社会建构出来的，而与外部实在没有任何关系，那么它就不可能会具有普遍的效用；但显然，TRF 虽然是美国人发明的，但对沙特阿拉伯人也同样起作用，所以建构主义是错的。针对这种驳斥，两位作者给出了非常强硬的反击。他们认为，科学知识的有效性恰好是科学活动的结果，只要遵循同样的程序，就会产生同样的结果，这根本无须一个外部的实在来提供保证。科学的普遍有效性没有什么不可思议的，人们在实践中不断拓展和重复同样的科学活动，要是没有这样的普遍有效性才是令人惊奇的。就像一张巨大的不断自我复制的铁路网，它延伸到哪里，火车就能在哪里奔驰。科学的概念模式就是铁路网，而有效性就是行驶在它上面的火车。科学的有效性是不能脱离开它赖以产生的文化和社会系统的。所以：

> 众多科学家和非科学家对科学以外的科学事实的效能感到惊奇。在加利福尼亚发现的肽（指TRF——引者注）的结构在沙特阿拉伯的一个最小的医院里发生作用，这不是很少见吗！肽的结构只有在有良好设备的临床实验室才会起作用。鉴于同样一整套作用产生同样的答案，这就没有什么理由感到惊奇了：用同样的测试，将出现同样的对象。[1]

这种强硬的回击是无法令人满意的。姑且不去讨论其中对有效性和普遍性的诡辩式理解，单从下述事实中也能看出它是虚假的：迄今为止，除了科学之外，没有任何其他形式的文化体系能像它一样几乎没有限制地自我复制和拓展。遵循同样的程序，就会出现同样的对象，这个回击依赖的前提其实并不成立。任何人拿着手机都能跟千里之外的人通话，但不是任何人拿着桃木剑都能驱鬼，即使他严格按照那些据说会驱鬼的人传授的

① 拉图尔等：《实验室生活》，第168页。

咒语和步伐来操作。此外，拉图尔和伍尔加之所以敢于言之凿凿地声称TRF并不存在而是人为建构的，是因为他们钻了一个很大的空子：TRF是人们看不见摸不着的东西。这是今天实验室中的科学向着微观维度不断挺进带来的一个后遗症，它的研究对象日益落在了人类直接感知的范围之外。普通人离科学研究的对象越来越远，TRF不像一个面包，饥饿时吃下去就会饱，它的结构、功能和作用必须依赖复杂的仪器设备才能被认知和实现。这很容易让人产生一种功能主义的错觉：今天的科学和过去的巫术是一样的，科学家好比巫师，而那些复杂的精密仪器就像是巫师们掌控的法器。所以人们直观上会发觉他们的观点很难接受，但一时又似乎无从回击。事实上，科学的研究对象仍然有许多是人们能够直接感知到的，比如说我们日常可见的所有事物，对此两位作者又能给出什么样的说辞呢？

在资本主义的商业社会，充满着残酷的竞争，商人和企业要生存下去，就必须追逐利润，实现“生产——商品——利润——扩大再生产”的良性循环。这是理解当今社会商人和企业行为的合理性基础。在拉图尔和伍尔加看来，科学家是一群特殊的商人，科学是一项特殊的生产事业。所谓特殊不是说本质上有什么不同，而是说他们生产的产品和一般企业生产的产品不一样，前者是抽象的知识，而后者通常是具体的物化的产品。所以科学的合理性从根本上来说与资本主义商业社会的合理性没有什么不同。科学家的目的同样是争夺更多的资源，产出更多的知识，保证科学研究能够顺利实现从生产到扩大再生产的循环。由于两位作者完全取消了事实在自然科学中占有的位置，所以“科学是一项追求真理的事业”这种说法，在他们眼里是荒谬而且可笑的。科学不是一个仙气氤氲的祭坛，而是一个群雄逐鹿的竞技场。

信用是一个现代商人和企业生存与扩张的最重要资源，因此，科学家想要使自己的职业可持续地滚动发展，同样必须提高自己的信用度。科学家的信用是由他们的职位、资历、名声、发表的文章、申请到的经费等东西来体现的。韩非子曾经说:“上古竞于道德,中世逐于智谋,当今争于气力。”而按照《实验室生活》的描述,20世纪科学的竞技场几乎算得上集此三世之大成,为了争夺更多的信用,道德、智谋和气力都不可或缺。从道德上来说,他们宣称只有自己发现的才是真的,这等于占据了道德的制高点,从此一览众山小。从谋略上来说,虽然在平时、私下不公开的场合,科学家对自己的说法其实是很不自信的,但这并不妨碍他们在公开的场合高调宣称自己研究的种种确定性,让人产生“不信他是不可能的,事实只能如此”的印象。气力更是必须要的,花大笔的金钱、购买更好的设备,让竞争对手望洋兴叹;提高准入门槛,让那些蠢蠢欲动的入侵者知难而退等,不一而足。总而言之,实验室不过是人类社会众多江湖中的一个而已,磋商(文明社会通行的解决问题的方式)在这里同样通行无阻。众所周知的是,文明世界的磋商不是每一次都那么彬彬有礼,其背后的权力较量、实力比拼、刀光剑影无处不在,这一切在科学研究的江湖中都有,都对最终结果起到举足轻重的作用。所以是社会因素或者更直白点说是利益,决定了那些相互竞争的说法中究竟谁能够胜出。一句话,两位作者想要表达的意思是,让“真”和“假”见鬼去吧,理解科学根本用不着这两个假设。

我们刚刚说拉图尔和伍尔加是讲故事的高手,但按他们的观点,科学家才是真正讲故事的高手。他们把科学家比喻为物理学中著名的麦克斯韦妖。麦克斯韦为了反驳热力学第二定律,提出了一个有趣的思想实验,其中具有神奇魔法能力的小精灵史称麦克斯韦妖。热力学第二定律说的是一个孤立的封闭系统,即便它的初始状态是有结构的(即处处不同的、有序的),它最终的演化结果也会使得结构消失,最终成为一个处处均质(无序)的系统。这种过程是不可逆的。举例来说,一个各部分温度不均衡的物体,如果没有外部能量输入维持这种不均衡状态,它各部分的温度将会慢慢趋于一致。但是,如果物体一开始温度就是均匀的,如果没有外部能量的输入,它不可能自发地变成各部分温度不一致的状态。我们都知道,按照今天物理学的观点,物体的温度是组成物体的分子平均运动速度的宏观表现,虽然物体温度恒定,但是其内部分子运动的速度并不都相同。麦克斯韦的思想实验就是根据这一点来制定的。(颇为有趣的是,他们关于这个实验的描述并不完全准确。因此以下的叙述并不以他们在书中的描述为依据,但最终表达的意思与拉图尔和伍尔加欲表达的意思相同。)

假设一个密闭的箱子充满了气体,气体各部分的温度都相同。这时将箱子分为A、B两个部分,中间通过一个阀门连通,阀门由一群聪明的小精灵操控。这些小精灵具有的神奇能力是,设定一个速度V,当A中气体分子的速度大于V时则将阀门开启,让其进入B,小于V时则不让其通过;对于B中的气体分子,当其速度小于V时则让其通过阀门进入A,大于V时则不让其通过。经过一段足够的时间之后,B中气体的温度就将高于A,因为它的分子的平均速度显然超过了A。如果存在这样的小精灵,热力学第二定律就将不再成立。一个孤立的系统也能从无序的均质状态演化为有序的存在差异的状态。遗憾的是,后来的物理学家证明,这样的一群精灵从物理学的角度来说是不可能存在的,因为精灵辨别气体分子的速度也是需要耗费能量的,而且它们消耗的能量要大于整个系统在终态时能够对外输出的能量。不过这不妨碍拉图尔们使用这个类比。他们这样写道:

> 麦克斯韦妖提供了实验室活动的一个隐喻,其中指出秩序是被创造的,还指出这种秩序在精灵的运作前绝非预先存在。[①]

① 拉图尔等:《实验室生活》,第241页。

其中的意思是，相对于自然而言，科学家就是那群神奇的小精灵。他们把一个原本杂乱无章的世界，演绎成了一个充满规律的有序的世界；把科学家平淡无奇散漫的凡俗生活，演绎成了一种严肃理智追求真理的神圣事工。还有谁比能够无中生有的人更会讲故事呢？

塞蒂纳在稍晚出版的《制造知识》中，基本上贯彻了拉图尔和伍尔加极端的认识论社会学路线。不过，她的论述在很多方面都有自己的特色。其中主要的一点，用动听的词语来形容，可以说是“直接明了”，用不那么动听的词语来比喻就是“简单粗糙”。比如说，《实验室生活》费了九牛二虎之力才云山雾罩地得出了事实是科学家们商谈出来的结论，而塞蒂纳只用了一段300字左右的话就清楚明白地搞定了：

究竟什么是实验室？它是在一个由桌子、椅子构成的工作空间内仪器和设备的一种当地积累。抽屉里充满了一些小器具，架子上摆满了化学药品和玻璃仪器，冰箱和冷藏箱里放满了仔细贴上标签的样品和原材料：缓冲溶液、磨得细细的苜蓿叶子、单细胞蛋白质、来自被化验的老鼠的血液样品与溶菌酶。所有原材料被特地种植并有选择性地培育出来。多数物质和化学药品被净化，而且从服务于科学的工业或者从其他实验室中得到。但无论由科学家本人去购买还是自己去准备，这些物质与测量仪器、桌面上的论文一样，都是人类努力的成果。看来似乎不能在实验室里找到自然，除非从一开始自然就被定义为科学研究的成果。[1]

① 塞蒂纳：《制造知识》，王善博等译，东方出版社2001年第1版，第6页。

显然，塞蒂纳认为只要是人制造出来的东西都是非自然的，或者说跟自然没有任何关系。所以她断然否认了当代科学是对自然的认识和理解，实验室纯粹是一个人工的环境，这样一个场所哪有什么所谓的自然呢？所以，实验室产生的任何事实都不是对客观的自然现象的反映，而是人们创造出来的人工产物。拉图尔和伍尔加关于认识对象是人们创造出来的论述，很多人理解起来估计会觉得很吃力（至少我就是这样），但是要弄懂塞蒂纳的这段话却轻而易举。当然，他们表达的意思是异曲同工的。《制造知识》中充斥大量类似的断言。不过，由于一个武断的结论没有经过任何有效的论证，反驳起来也用不着细致推敲。按照上面引文的逻辑，我们可以构造出这种断言："虽然人工物都是人按照自己的意愿制造的，但其所使用的质料无一例外都来自外部世界，所以似乎不能在人工物中找到社会因素，除非从一开始人工物就被定义为社会因素的产物，而与自然无关。"实验室确实是一个人工环境，人们在这个问题上不会有什么争议。然而一个人工环境必定是非自然的，或者不反映任何自然的特性吗？这个问题是必须论证的，而不是不言自明的。否则它注定会被类似我们构造出来的那种断言所驳斥。

由于认为实验室本来就是渗透着人的目的和意图的人造物，塞蒂纳理所当然地把科学研究当成了类似于拉马克式的定向进化过程。这是她的另一个鲜明的特色。拉马克是比达尔文更早提出物种进化观点的学者。他认为物种的性状改变是由于物种的主观意愿及长期坚持不懈的努力而产生的。比如说长颈鹿的脖子为什么这么长，拉马克的回答是，因为它们的祖先想要吃到高处的食物，不断努力地伸长脖子，一代代坚持下来，最终就变成这样了。把科学研究与拉马克的进化模式进行类比意味着，塞蒂纳反对这样一幅通常的科学图景：科学是科学家无差别对待感官收集的经验事实，并对这些随机事实进行概括和归纳得出理论的过程。塞蒂纳认为科学的图景实际上是这样的：不仅科学家得到的事实是按照既定目的创造和选择出来的，而且理论也是在预期的目的下再次对事实进行选择而构建出来的。

因此,塞蒂纳认为科学的事实和科学的理论都是被"决定"渗透的。所谓"决定"指的是科学家的动机和意图,即开展一项研究想要达到的目的。所谓"决定渗透"指的是,科学研究的进程和科学活动的最终结果都被这个具体的目标所主导,它是科学家在创造事实和理论中真正起作用的标准。举例来说,一个科学家想要研究某种物质的属性M与环境变量N之间的关系,他的预期是二者之间存在一种线性关系,根据这个研究,他想发表一篇文章。于是他设计实验验证他的这一猜想。从一开始,这个实验的目的就是明确的,它是针对M和N设计出来的,实验过程根本不会去考虑非M和非N的任何其他因素,而且要尽量屏蔽其他因素对结果造成的干扰。由此可以看出,M和N的关系不是从所谓客观中性的事实中归纳出来的,而是被创造出来的。根据实验结果,这个科学家得到了很多组M和N一一对应的数据。在对这些数据进行分析的时候,他发现其实这些数据与某个指数函数拟合得更好,但他觉得不合自己的心意,因此他会继续分析,直到找到称心如意的那个线性函数为止。在论文的写作过程中,这位科学家不会把他获取的所有数据都如实反映到文中,而是选择更有利于他想要的结果的那些数据;并且他会考虑他想要投稿的杂志的风格以及审稿人可能会提出的各种批评来安排文章结构和语言的表述。所以,科学不可能是一种客观中性的研究自然的活动,而是如同长颈鹿的祖先费尽心机地伸长脖子试图去啃高处鲜嫩的树叶那样,具有强烈的目的性和方向性。

事实渗透决定还有另外一层更强的含义:选择是环环相扣的。实验室是人们先前的选择的物质化累积,而这决定了人们后来的选择,就像新物种只能从原有物种进化出来一样。这进一步强化了塞蒂纳的实验室中不存在自然的观点。实验室中的科学家就像修盖楼房的工人一样,新来的工人始终只是在已经盖好的楼层上继续盖新的一层。他面对的对象不是纯粹的自然,而是早前的人们构造出来的人工物。所以:

> 简而言之，一位科学家的研究是由在先前选择所构成的空间内选择性的实现所构成的，并且它本质上是一件由上而下地决定的事情。[①]

可以把塞蒂纳的事实渗透决定与汉森和布鲁尔的类似观点略作比较。汉森认为事实渗透理论不存在纯粹客观的中立事实；布鲁尔认为事实和科学理论渗透社会文化因素，不存在完全不包含社会因素的科学知识。尽管如此，汉森和布鲁尔也都承认外部的自然世界在约束人的认识活动上起到一定的作用。但按照塞蒂纳的上述观点，外部的自然世界在约束人的认识活动方面没有什么作用。约束人的认识活动的是人的实践目的，以及他生存的社会环境。实践目的决定了他想要做什么，而社会环境决定了他能做什么以及如何去做。实验室是一个从事生产的作坊，而不是观察和思考自然的场所。它生产出来的产品，是具有明显的本地特色的知识，而不是普遍的关于自然的真理。

基于三个理由，塞蒂纳认为发现和辩护的区分是错误的，它根本无法描述真正的科学实践。第一个理由上面已经述及，当科学家展开一项研究并撰写论文的时候，事先必然会考虑到同行可能的反对意见，并且在研究和写作过程中体现出来。所以："实验室的发现基本上是着眼于潜在的批评或接受（以及关于潜在的盟友与敌人）做出的，它是发现的实质性重要组成部分。"[②] 也就是说离开辩护单纯地讨论发现是不可能的。第二个理由用流行的俗话来说就是"同行是冤家"。传统对发现

① 塞蒂纳：《制造知识》，第 12 页。

② 塞蒂纳：《制造知识》，第 13 页。

和辩护的区分隐含一个重要的预设，同行科学家对一个理论的评价遵循一种客观公正、不偏不倚的态度。但是塞蒂纳说，这同样不可能。资源总是有限的，而同行是科学家在争夺资源时“最危险”的竞争对手，他们彼此的互相评价必须基于这一点来理解才具有可行性。塞蒂纳举例说，在某个领域有两个最强有力的研究小组，他们在评价的时候总是互相伤害，因为总的投资就那么多，如果其中一个得到的太多，另一个当然就只有喝西北风了。第三个理由是科学实践是动态的过程，科学家不会停下来坐等人们就一个结果达成共识才继续工作。他们总是按照自己的需要对既有成果进行取舍，然后在此基础上开展新的研究。对既有成果的取舍并不遵循严格的规范和逻辑，而是研究者的意愿和他能够掌握的资源。所以科学不是一个以追求一致性共识为目标的探索过程，而是一个“某些成果不断结合到持续进行的研究中而被巩固化的过程”[①]。在这样的意义上，科学研究既不是一个单纯的发现过程，也不是一个单纯的辩护过程，二者无论在时间上还是逻辑上都是不可区分的。

从塞蒂纳把科学研究与生物进化相提并论，我们就能推出，塞蒂纳必定对科学家之间争夺资源抱有浓厚的兴趣，而且会把它作为科学进步的最根本的驱动力。所以，她笔下的科学研究的图景也难逃本章前述那些人物的窠臼。由于她把自然理解为人们建构出来的内在于人类社会的存在物，而非独立于人同时对人的认识起到

① 塞蒂纳：《制造知识》，第16页。

规定和约束的外部存在，因此她同样取消了科学知识与其他知识之间的不同也就毫不奇怪了。科学知识没有人们想象中的那样神圣，其他的知识也没有人们想象中的那样不堪，它们都是主要由权力和利益编织起来的巨大社会网络的产物。

总的来说，拉图尔和塞蒂纳都强调科学是人类极其多样的实践方式的一种。科学知识只是这种实践方式的产品，而科学家才是其中的主角。因此，要理解科学的合理性只能从科学家的行为的合理性入手才有可能。不出人意料的是，他们在实验室中没有发现科学家的行为方式与普通人的任何不同之处，实验室只是人类社会无数名利场之中的一个。名声、地位、财富、权力这些理解人类行为合理性的基本范畴，在其中同样起着主导的作用。与布鲁尔们一样，在他们看来，科学知识是人与人之间对话协商后达成的妥协或者一致性结论，权力和利益在其间扮演着关键性的角色。至于宣称科学知识是一个源自客观外部世界的真理，这种说法不过是科学家为了获取更多社会资源而使用的动听的修辞方式。

5. 对社会建构论的反驳

如前所述，科学知识社会学主张科学知识的社会建构性，它并非人对自然的客观真实反映，而来自人们之间的交谈和对话。不过像布鲁尔这样的学者主要着眼于宏观社会文化背景对科学知识的塑造作用，而拉图尔们则侧重于从个体的行为出发来理解和重构科学和科学知识的合理性。从结论上看，他们之间存在不小的差异。相对来说，布鲁尔们是弱社会建构论者，而拉图尔们是强社会建构论者。前者认为自然在科学知识的形成过程中也起到非常重要的约束作用，而后者则几乎完全否定了这种作用。

科学知识社会学是一路伴随着批评声和质疑声成长起来的，这既表明了它先天具有的相对主义气质和对传统科学观的解构引起了多么大的不满，也表明了它在某些方面具有的解释力和吸引力。我们从两个批评者的观点中能够清晰地看到人们思想深处由此鼓荡起的纠结。

劳丹在《进步及其问题》中花了一整章来讨论科学知识社会学的相关问题。在当时,对实验室的微观知识社会学研究尚在萌芽状态,因此劳丹针对的是像布鲁尔这样的宏观知识社会学。他批评的观点虽然是来自布鲁尔之外的一些学者,但主要论及的问题跟我们本章涉及的大致相同。劳丹的批评意见中的相当部分基于目的论模型,这在我们介绍布鲁尔对强纲领的捍卫时已经出现过了,此处不再多费口舌,而着重讨论他对社会决定论的批驳。

劳丹指出,自曼海姆开始,知识社会学的学者在很多时候都会犯下一个严重的错误,就是混淆"历史的"和"社会的"这两个词。除了像"2+2=4"这样极少部分的信念,人们思想史的大部分信念,都能大致确定起始于历史上的某一时期。也就是说它诞生于一个具体的历史文化环境之中。劳丹说,假如知识社会学的倡导者说一个特定的信念是由历史和社会决定的,无疑是极其正确的。不过,这种极其正确的意思其实什么也没有说。它无论对我们理解历史,还是理解这个信念本身都没有任何帮助。所以,知识社会学说一个信念被历史和社会决定之时,理应还有更深一层的含义,那就是这个信念的持有者与他所处的社会状况之间具有某些必然的联系。因此,证明一个信念是"历史的",并不意味着它必定就是"社会决定的"。一个信念出现在一个特定的文化风尚之中,与它是被这个风尚决定的是两回事。知识社会学要实现自己的目标,需要对这两个方面都进行论证。但是很多自称为知识社会学家的人其实只做到了第一步,而后就自以为大功告成了。他们实际上偷换了"历史的"和"社会的"这两个完全不同的概念。对于这样的行为,劳丹毫不掩饰自己的嘲弄之意:

如果一个信念的历史背景一旦被确立,就等于使得这个信念成为社会决定的,那么,认识社会学(即本文所称的知识社会学——引者注)家的任务也就太容易了。他只需在思想史中找出属于背景性的那些信念,然后像魔术师那样说声“变”,这些信念就会都按他的需要变成“社会学”的了。[1]

那么,知识社会学如何才能令人信服地表明他们达到了自己声称的信念是由社会所决定的呢?劳丹说,知识社会学家要想实现自己的雄心壮志,做到下面这一点是最低的要求:

> 任何认识社会学的说明至少必须给出存在于某个思想家y的某种信念x与他的社会状况z之间的因果关系。(社会学的说明若要成为“科学的”说明)这就要求助于一条普遍的定律,此定律能表明,处于z类状况之下的所有(或大多数的)信仰者都会采取x类信念。[2]

然而,迄今为止,没有任何知识社会学家证明了存在这样一条普遍的定律。而且科学史的大量研究恰恰表明,这样一条定律是不可能存在的。在牛顿那个时代,接受万有引力定律的人无论从哪个角度来划分,都无法说他们同属一个特定的社会集团;在达尔文那个时代,接受进化论主张的人也同样如此。劳丹认为,这很好理解,因为科学知识就其本性而言,的确具有非常少的社会学含义。人们很难把一个纯粹的力学方程,与某个特定社会团体的行为模式关联起来。因此,一种普遍意义上的知识社会学只能是毫无根基可言的空中楼阁。

劳丹的结论是,科学知识社会学在帮助人们理解人类思想的复杂性方面是有意义的,但是有些学者高估了它的能力和范围。他们试图把它扩张到它力所不能及

① 劳丹:《进步及其问题》,第208页。

② 劳丹:《进步及其问题》,第214页。

的领域,这是一种虚妄的僭越。劳丹对其开出的药方是,知识社会学应该退回到弱纲领中去,那才是原本属于它的位置,也才是它能大展拳脚的地方。

劳丹对科学知识社会学的上述批评是切中肯綮的。十多年后,科尔在《科学的制造》中对拉图尔们的批评仍然与之相类似。这本书批评的主要对象是微观的实验室研究,恰好与劳丹的批评形成互补,并相映成趣。

科尔称呼自己为“实在论的建构主义者”,这个术语表达的意思与布鲁尔的立场非常接近。他说:

> 实在论的建构主义者认为科学是在实验室和实验室以外的群体中社会性地建构出来的,不过这一建构多少要受到经验世界介入的影响或限制。在实在论的建构主义者看来,自然界对科学的认识内容不是没有影响,而是有某些影响。较之社会过程的影响而言,这种自然界的影响的重要性程度是一个变量,这一变量只有通过经验研究才能得以确定。我并不认为来自外部世界的材料能决定科学的内容,但我也不同意前者对后者没有任何影响。[①]

从中不难看出,科尔试图在传统科学观与极端建构主义的科学观之间寻求一条中间道路,折中及调和的色彩非常浓厚。科尔认同将科学研究视为人类众多社会实践的一种,也同意建构主义者将人置于科学活动的中心来理解科学。他把建构主义称为科学哲学中的一场革命,认为其大大丰富了人们对科学的认识,将会对审视和

① 科尔:《科学的制造》,林建成等译,上海人民出版社2001年第1版,第2页。

定位科学在当今人类社会中的作用产生重要影响。但是与劳丹一样，科尔认为建构主义走得太远。他们的调门太高，步子太大，以至于他们想要达到的目标和他们实际上达到的相距甚远。

科尔首先从科学知识的一致性问题出发，把拉图尔和塞蒂纳从科学中扔到九霄云外的自然重新又捡了回来。他把科学知识分为两大类：前沿的知识和核心的知识。前沿的知识主要是指那些刚刚发表在科学杂志上的最新研究成果，它们的最大特征是尚处于争议当中，科学家们对它们的一致性认可程度不高，分歧严重。核心的知识则是那些出现在教科书中的系统化的知识，包括各种基本原理以及得到充分认可的各种事实，与前沿的知识相反，科学家们对它们的一致性认可程度非常高，几乎没有多少分歧。也许有人会觉得科尔的这个观点有点眼熟，看上去与拉卡托斯的研究纲领有点相似。科尔很有可能是受到拉卡托斯的启发才提出这种区分的，但这种区分与“硬核——保护带”的划分完全不同，不可混为一谈。科尔的这种划分非常随意和粗糙，他的目的只是想通过这种区分来反驳建构主义的论点，而不是像拉卡托斯一样想建立一个精致的模型去讨论科学的进步和合理性。

科尔的意思是，如果说建构主义是正确的，那么科学中的核心知识为什么具有高度的一致性就是无法解释的。尤其是，科尔强调，有些知识从前沿变为核心，花费的时间非常短。比如说DNA双螺旋结构，从提出到获得科学共同体认可，几乎是“立即”的。按照像拉图尔等人的看法，科学知识的一致性共识的形成，依赖于提出者的修辞技巧、社会地位、名望、权力和利益关系等社会状况。科尔指出，上述这些因素的确会对前沿知识的评价带来影响，毕竟一个泰斗级的人物提出的观点，与一个初出茅庐的年轻人提出的观点，在人们心目中的分量肯定是不同的。但是，要说核心知识的一致性建立在这些因素的基础上，则是令人难以置信的。不可能有什么样的阴谋诡计或者滔天的权势，能够让如此广泛的科学共同体无差别地接受某个信念。因此，核心知识高度的一致性显然不是根源于社会性的因素,而只能来源于社会之外的客观世界。只有它才能迫使人们不分性别、不分地位、不分族群、不分国籍地接受一个共同的东西。

布鲁尔先前就强调了这一点的重要性,但是后来的知识社会学家却无人理会。科尔犀利地指出了关键之所在。当年的逻辑经验主义者强烈抵制科学是一种主观约定,是因为害怕一旦承认这一点,就会动摇科学知识的客观性基础。与此相类似,今天的知识社会学家害怕一旦承认自然对人们的认识具有约束作用,建构主义就会破产,他们沾沾自喜地描绘出来的科学图景的成色就会大打折扣。

科尔对实验室研究所揭示的科学活动的各种场景和细节,表示了高度赞赏。他认为对实验室的微观社会学考察,极其完美地呈现出科学家的真实世界。但是,他同时告诫道:说科学是一种人类的社会实践,与说科学知识由社会因素决定,是完全不同的两回事。因此,像劳丹批评宏观知识社会学家混淆了"历史的"和"社会的"两个概念一样,科尔指责微观知识社会学家混淆了"影响"和"决定"这两个概念。他认为,微观知识社会学家的研究充其量能够说明科学研究以及科学知识受到社会因素的影响,但却根本无法说明科学知识如何被这些因素所决定。他给出的论证,与劳丹之前的论证没什么本质性的差异。他毫不留情地戳破了拉图尔们吹出来的大泡泡:

> 社会建构主义者所做的工作未能说明所观察到的实验室内的社会过程如何实际影响了科学的认识内容,尽管这一派的纲领性目的就是证明这种影响。[①]

6. 本章小结

人类思想史的运动充满了令人不可思议的惊奇。本书是以19世纪晚期弗雷泽的《金枝》作为开头的。在《金枝》中,弗雷泽把巫术、宗教和科学进行了类比,并指出了它们之间的相似性。但弗雷泽却不认为它们在本质上是相同的东西,它们顶多只能说在功能上有暗合之处。到了20世纪晚期,我们又看到了相同的类比,但是这次人们的意思与弗雷泽的意思已经完全不同了。在像费耶阿本德和拉图尔这样的人的眼中,科学和巫术的相似并非仅在功能上暗合,它们在本质上都是一样的。一场旨在为科学辩护,为科学的独特性和优越地位提供说明的思想运动,竟然以一种与最初目的完全相反的结果而结束,实在令人唏嘘。

本章涉及的主要人物,都把科学视为人类实践的一种方式,他们都认为不能因为科学宣称自己的研究对象是客观的自然世界,就认定科学活动与其他人类活动有什么根本性的差异。巴恩斯对合理性概念的社会学含义的分析是非常有力的,他告诉人们,合理性依赖于具体的文化环境,具体的文化环境决定了人的行为模式和思考模式。所以理解科学不能脱离具体的历史和文化背景。紧随这样的思路,布鲁尔强调社会文化背景对科学知识的渗透作用,指出科学知识是人们在复杂的各种文化思潮背景下形成的一种约定。而像拉图尔这样的微观知识社会学家则把这种观点推向了一个极端。在他们看来,科学知识描述的自然世界是一个有序的世界,但这恰恰是科学活动的结果,而不是人们从事科学活动的原因。就像当代社会的生产企业都会宣称自己的产品如何质量可靠,如何物美价廉,如何考虑了人们的各种需求,但他们真实的目的却是为了让更多人心甘

① 科尔:《科学的制造》,第104页。

情愿地为他们的产品付费,从而赚取利润。因此,科学的合理性不能通过科学知识的合理性来理解,只有从科学家的行为动机以及他们的行动模式来理解才是恰当的。正如产品的质量如何并非理解企业生产行为的关键,如何赚取更多的利润才是重点一样。故而,知识社会学家们最终彻底解构了科学是追求真理的神圣事业的刻板传统形象,而代之以一幅充满竞争、冒险和投机的生气勃勃的商业图景。

不过,这样一来,科学显而易见的普遍有效性就成了一种不可理解的怪物。无论科学知识社会学的主张者如何巧言令色地为他们自己的逻辑自洽性辩护,所谓"一力降十会",在科学知识这种独一无二的特质面前,他们的那些辩护都是非常苍白的。这是人们用以对抗社会建构主义最大的底牌和依仗。

也许有很多人从内心深处对建构主义提供的那幅科学的图景,充满深深的厌恶。因为科学在今天的社会中,大约是唯一有资格能够被称为某种具有神圣性的事物,然而建构主义却无情地掐灭了人们心目中的这份念想。遗憾的是,虽然如劳丹和科尔所指出的那样,建构主义者确实没有达到想要达到的目标,但是他们所描述的科学的形象在相当大的程度上却是人们不得不赞同的。从任何一个角度来看,科学都只是一项凡俗的职业,而不是神圣的事工。

当人们心目中的圣像轰然坍塌之后,要想把它重新天衣无缝地恢复原貌是不可能的。在这样的意义上,原来的科学确实已经死了。

第五章

科学大战

科学家对相对主义的反击

本书所要讲述的故事，其实到上一章为止已经讲完了。这倒不是说哲学家已经停止了对科学合理性问题的思考，很显然人类的思想是永远不会满足于某个固定的答案的。不过，人们之后对这个问题的探寻，总体上来说没有开辟出什么值得关注的新路径，要不就是前面讨论过的那些思想的延续，要不就是它们之间的几种混合后产生的一些新变种。如果对个体的思想和具体的问题感兴趣，它们当中当然不乏值得关注的新进展。不过，本书的目的在于勾勒科学哲学在20世纪展开的大致思想脉络，因此无须给予它们过多的关注。

在本章，我们将把注意力用来关注事情的另外一个方面，即科学家如何看待哲学家对科学合理性问题的探讨。生物学家常常把许许多多的动物关在笼子里，然后事无巨细地观察它们日常的行为，以期能了解一些它们的生活习性和规律。拉图尔用文化人类学的方法来研究科学家在实验室中的生活，令人无法不产生一种联想：科学家就像那群被装在笼子里的动物，而拉图尔们正一手拿着放大镜，一手拿着笔严肃认真地记录着他们的一举一动。二者之间的差别在于，对生物学家如何描述自己的特征和习性，动物们无法表达自己的不满和抗议（当然，即使它们表达了，人们也无法理解）；但是，科学家是能够表达自己的不满和抗议的，如果他们觉得自己的尊严和利益受到损害的话。发生在20世纪90年代的“科学大战”，是令人注目的文化大事件之一。这场风波的起因有很多方面的因素，其中最重要的一个与本书所梳理的科学哲学发展的脉络直接相关。当科学家们惊讶地发现，科学哲学家笔下的科学形象越来越让他们难以接受时，他们觉得有必要从实验室里走出来，为自己从事的工作正名。就此而论，用这样的一章作为本书的结尾，并不算偏离主题。

科学家对一些具有普遍性的哲学问题同样充满浓厚兴趣，比如时间和空间的本性、自然规律的本质、人生的目的和意义、什么是善、什么是正义，乃至科学与宗教的关系，等等。这从他们的文集以及各种类型的传记中很容易看到。然而一个令科学哲学家感到尴尬的事实是，科学家很少关注科学哲学对自己的工作的评价和描述。虽然他们也常常谈论科学的规范和方法，以及对什么是科学发表自己的看法，但他们的这些观点与科学哲学的思考属于完全不同的类型。正像普通人对科学中的那些方程式充满了敬畏和迷惑一样，科学家对哲学家用来描述自己的那些概念和说法同样感到难以理解。他们对此更多地抱以一种冷淡甚至反感的态度。除了某些视野足够宽阔，并且有足够表达欲望的科学家，会在回忆录、科普作品中偶尔谈及之外，极少有人愿意对那些林林总总的哲学观点作出反评价。即使在科学大战期间，系统论述自己的科学观同时反击哲学家的科学观的科学家，也为数甚少。科学大战，与其说是科学家与哲学家之间的争论，不如说是立场不同的哲学家之间就科学的本性问题展开的争论，尽管引起这场混战的导火索是由科学家点燃的。因此，本章的讨论并非一个系统性的研究，而只能算是概略性的介绍，我只能不那么合理地假定，我所能找到的那些观点，在科学家中是有代表性的，或者说是典型的。

1. “反对哲学”

在西方思想史上，哲学与科学之间混沌未分的时间要远远长于二者泾渭分明的时间。16、17世纪那些缔造了近代科学的伟大人物，仍然是以哲学家的身份自居的。按照罗蒂的观点，“认为存在着一门被称作‘哲学’的独立自足的学科，它不同于宗教和科学，却对二者进行裁决”[1]的主张，始于近代的笛卡儿，但却在自康德之后才实现。这种主张导致的结果是知识论成了哲学的核心，哲学从此与自然科学区分开来，它不再是科学的一个门类或分支，而是为各门科学提供逻辑工具和方法基础。毫无疑问，逻辑经验主义就是这种哲学观最典型的代表。

石里克有一个著名的论断：一个伟大的科学家也总是哲学家。这句话如果孤立地看，十有八九会被误解。多数人很容易想当然地认为，这句话的意思是，科学是对自然奥秘的探寻，伟大的科学家是最为深入地接触自然奥秘的人，因此对于科学，科学家有着比常人更加深刻和明智的洞见。换句话说，伟大的科学家因为了不起的科学成就，使得他们在哲学识见上同样超凡出众。然而，这样理解就完全颠倒了石里克的原意。他的这个论断来自下面这段话：

如果在具有坚固基础的科学当中，突然在某一点上出现了重新考虑基本概念的真正意义的必要，因而带来了一种对于意义的更深刻的澄清，人们就立刻感到这一成就是卓越的哲学成就。大家都同意，例如爱因斯坦从分析时间、空间陈述的意义出发的活动，实际上正是一项哲学的活动。我们在这里还可以加上一句：科学上那些决定性的、划时代的进步，总归是这一类的进步：它们意味着对于基本命题意义的一种澄清，因此只有赋有哲学活动才能的人才能办到；这就是说：伟大的科学家也总是哲学家。[2]

① 罗蒂：《哲学和自然之镜》，李幼蒸译，商务印书馆2003年7月第1版，第123页。

② 石里克：《哲学的转变》，洪谦主编：《逻辑经验主义（上）》，第10页。

石里克这里表达的,正是罗蒂说的那种以知识论为核心的哲学观。哲学赋予了人们思考和澄清命题的能力,而这对科学家发现问题的关键,从而找到解决问题的最终方法,起决定性作用。如果没有对时间和空间的物理学含义的澄清,爱因斯坦就不可能得出划时代的相对论。因此,这个论断的意思是,一个伟大的科学家首先是一个哲学家,正是因为哲学思考能力的超凡出众,才使得他们取得了不起的科学成就。

不过,石里克的这个自己引以为傲的论断在科学家眼里,却显得有些过于自命不凡了。本节的小标题"反对哲学"出自《终极理论之梦》一书,其作者温伯格是诺贝尔物理学奖获得者,同时也是一名卓越的科普作家。这部出版于1992年的作品的目的,是为人们介绍科学在寻求对自然界的统一解释方面所作出的努力。"反对哲学"是这部作品中的一章,总共20多页,占总篇幅的十分之一强。在这样的一本书中,用专门的一部分来讨论哲学,颇有些令人意外。但于我而言,却是一种惊喜。与后来的《高级迷信》不同,温伯格写这部分内容并非出于论战的目的,他几乎没有用什么情绪化的语言来表达自己的观点。温伯格没有详尽地驳斥科学哲学的种种论调,而是从一个科学家的视角出发,谈及了他为什么对那些论调不感兴趣。因此,他为我们了解科学家对待科学哲学的一般性态度,提供了一个极佳的机会。

他在哲学界的朋友曾经问及,"反对哲学"这个标题是不是对费耶阿本德《反对方法》的回应。温伯格明面上说他这个标题受到的是来自法律方面的文献的启发,但暗地里却对此表示了默认。从他的论述来看,他对20世纪科学哲学的了解并非泛泛。温伯格对有代表性的一些科学哲学家,诸如维特根斯坦、卡尔纳普、库恩、费耶阿本德、拉图尔等人的文献都称得上熟悉。从他的结论来看,温伯格对科学哲学的态度并没有这个题目表现出来的那么强的恶意,他指出哲学对科学研究也起作用,但这种作用越来越小,而且如果不留神的话,它会令科学家在科学研究中误入歧途。

温伯格赞同石里克所举的爱因斯坦的例子，认为爱因斯坦在时间、空间问题上的哲学思考，对其提出相对论有极大的帮助。不仅如此，我们在第二章曾经谈到可观测原则对海森伯产生的重大影响，温伯格也认为事实确实如此。但他强调，这些事实并不能说明逻辑经验主义对科学的那些主张就是对的，更不能说明，像石里克宣称的那样，科学离不开逻辑经验主义提供的那些原则的指导。他举了另外的几个例子来说明逻辑经验主义的危害。其中一个是马赫对原子论的抵制。由于在当时，原子是不可直接观察的东西，所以基于自己的可观测原则，马赫坚定地认为，人们可以把原子视为一个有用的假定，但它绝对不能被认为是一种真实的存在物。温伯格说，事实表明，马赫的观点错得很离谱，即便在今天的普通人看来，这个观点也是不值一驳的。

温伯格举的另一个例子是电子的发现。电子是人们发现的第一种亚原子基本粒子，它是由英国著名物理学家汤姆孙在研究阴极射线管时观察到的。温伯格说，其实跟汤姆孙差不多同时，德国物理学家考夫曼也做过相似的实验，而且“两人实验的主要区别是，考夫曼的更好”[①]。但是今天没有人会把电子的发现归功于考夫曼，因为他没有把自己的实验现象与一个新的粒子关联起来。之所以会出现如此迥异的结果，温伯格认为，原因就在于考夫曼是一个实证主义者，他中马赫思想的毒太深，强烈排斥实体性的物理学概念，导致与一项伟大的荣誉失之交臂；而汤姆孙则由于接受了原子的概念，并

① 温伯格：《终极理论之梦》，李泳译，湖南科学技术出版社2003年第1版，第142页。

沿着这样的思路思考，使得他作出了准确地判断，最终获得了丰硕的回报。

所以，如果说哲学对于科学研究有什么教益的话，在温伯格看来，就是它能从反面提醒科学家，在从事科学研究的时候，切不可受先入为主之见影响太深。逻辑经验主义声称的那些原则有时候能帮助科学家少些偏见，但如果人们把这些原则作为教条来理解和使用，它们就会成为科学进步的阻碍。伟大的科学家能够取得非凡的科学成就，不是因为他们遵循某种教条化的原则，而是因为他们尽量避免了各种教条化原则的束缚。

温伯格记录了一段爱因斯坦与海森伯之间的有趣对话。海森伯对爱因斯坦说起可观测原则，认为一个物理学理论中不应该包含不可观测的物理量。爱因斯坦对此表示断然反对，认为任何物理学理论都不可能做到这一点。海森伯争辩说，这个原则是爱因斯坦本人相对论的基础，他曾经深入讨论过它。爱因斯坦干脆利落地回应说："也许我以前用过那哲学，也写过它，但它仍然是没有意义的。"①

逻辑经验主义声称，一个理论如果无法被实验所观测，它就不能被称为是科学的。如果真地按照这样的原则，温伯格担忧地指出，当代物理学前沿当中的相当多的部分都应该予以抛弃，正常的科学研究将会变得不可能。比如说，目前最有可能实现人类"终极理论梦想"的物理学思想是超弦理论，但是这个理论所涉及的基本物理学概念按照人类日常的经验来说是无法理解的，当然

① 温伯格：《终极理论之梦》，第144页。

也是无法观测的，难道说它们也应该被当成伪科学而受到指责吗？所以，在温伯格看来，坚持逻辑经验主义的认识论原则，将大大损害物理学的发展。

温伯格用相对主义这个概念把库恩和拉图尔之类的观点打包在一起，然后对它进行了讨论。他指出，相对主义的科学哲学无非是想说明，科学家在对一个理论进行检查和评判的时候会不可避免地带有主观因素，问题是这对任何一个从事科学研究的人来说都不是什么见不得人的秘密。比如说，从他自己的这本书中可能看到，美学判断在科学认识中起到了极其重要的作用。然而，相对主义却因此得出结论说，科学同人类社会中各种各样的政治主张一样没有什么差别，这就明显过于夸张。在科学研究的过程中，科学家之间的确不断发生争吵，也经常因为这些争吵而改变自己的想法，而且他们的确并不遵循某种普遍的方法和规范来开展自己的工作，这些方面哲学家和社会学家的描述没有太多值得非议的地方。可是，像科尔一样，温伯格指责说：

> 从科学是社会过程的事实得出结论，说我们最终的科学理论产物是因为社会和历史作用影响那个过程的结果，完全是一种逻辑的谬误。[①]

他用了一个登山的例子来说明自己的观点。一个登山队想要攀登珠穆朗玛峰，成员们肯定会就路线的选择展开激烈的讨论，其中各自的社会因素和经验都会起到作用。他们可能就一条最佳的路线达成共识，也可能

① 温伯格:《终极理论之梦》，第150页。

根本不能达成共识。但任何人都不会就此得出结论说，珠穆朗玛峰原本是不存在的，而是那些登山队员争论出来的。在温伯格看来，如果按照拉图尔在《实验室研究》中对人们如何建构出促甲状腺释放因子的描述，珠穆朗玛峰就是争论出来的。以一个科学工作者的实践体验，温伯格说，科学的最终目标是寻求对自然实在的理解，也许这个目标过于高远，它可能达不到，但是没有科学家会认为科学的理论与自然的实在无关。

总的来说，作为一名科学家，温伯格对科学哲学在科学实践中的作用给出的是负面的评价。科学家知道自己在做什么，也知道该如何去做，他们用不着一群高高在上的哲学家给他们指明方向和道路。尽管他们无法明确、严格地提供一套科学的规范方法，但这并不妨碍他们对自然的认识和理解不断向前推进。科学哲学家为了科学家应该如何接受和拒绝一个理论而操碎了心，在温伯格看来纯属多余。从事科学研究的人不会被诸如此类的问题所困扰，他们会在实践中解决这个问题，而不是靠毫无意义的哲学思辨。

另外一名诺贝尔物理学奖获得者，同样也是非常卓越的科普作家费恩曼，表达过跟温伯格相同的观点。费恩曼没有像温伯格那样旁征博引各个哲学家的观点，因为按他的说法，他自小就对像哲学这样的学科不感兴趣。(温伯格则不一样，费恩曼说自己在上大学期间曾经一度对哲学相当迷恋，后来发现与数学和物理学相比，哲学是如此晦暗和空洞，因此果断地将其抛弃。)费恩曼是在一场主题为“科学是什么”的演讲中谈到这个观点的。费恩曼认为，这个问题的答案不是思考出来的，而是实践出来的。如果人们不亲自动手去做，而只是试图通过哲学家的那些关于科学的书籍，甚至是科学的教科书，来理解科学是什么，那最终的结果就是掉进坑里。费恩曼的幽默风趣在圈里圈外都是鼎鼎大名的，他先引用了一首打油诗：

一只蜈蚣十分快乐，直到一只蟾蜍来开玩笑

说：“嗨，哪只脚先行，哪只脚随后?”

蜈蚣疑惑起来，但始终想不透

它心烦意乱，跌入水沟

却不知道怎么跑

然后一本正经地调侃说：

我这一生，一直从事科学，也知道什么是科学，但是要我到这里来告诉你们“什么是科学”——哪只脚先行，哪只脚随后——我做不到。而且与诗的类比也让我担心，我担心回家后我就再也不知道怎么做研究了。[①]

费恩曼的意思是，作为蜈蚣的科学家走自己的路就好，无须理会作为蟾蜍的哲学家的指手画脚；而新的科学工作者，也不用盲目跟随年长科学家的教导，只有在学习中研究，在研究中学习，才能发现科学的真谛。

温伯格不无抱怨地说，逻辑经验主义至少还试图在科学研究中起到建设性作用，但是相对主义对科学研究不仅连这种想法也没有，而且从结果看来，还起到了破坏的作用。他倒不担心像他这样已经在一线奋斗多年的科学家受到不良影响，而是忧虑另外两种对科学的未来至关重要的人因此对科学产生负面的印象。其中之一当然是年轻一代，科学只有吸引到越来越多的青年才俊，才会有更美好的未来。而相对主义显然摧毁了科学一直以来在人们心目中的良好形象，如果由此使得科学丧失了对年轻人的吸引力，那么对科学的未来造成的损失将是难以估量的。另外一种是那些不是科学家，但某种程度上掌控着科学命脉的政客。他们决定着社会资

① 费恩曼：《发现的乐趣》，张郁乎译，湖南科学技术出版社2005年第1版，第177页。

源的总体分配，如果他们对科学作出错误的判断，那么科学的长远发展和人类未来的美好生活都会受到威胁。温伯格从西方国家的政坛中预感到了某些不祥的预兆。《终极理论之梦》出版的当年，美国国会否决了建立超级对撞机的计划，这个原定投资超过6亿美元的项目已经开展了相当长的一段时间。在原本的预计中，温伯格憧憬着这个项目的建成将有助于人类朝着终极理论的梦想迈进大大一步，然而随着它的戛然而止，这个美妙梦想的实现就将变得更加遥遥无期了。温伯格并没有明确地说相对主义应该为超级对撞机的下马承担一定的责任，但他应该不会反对这样的说法。

实际上，早在《终极理论之梦》出版前几年，有些科学家已经发出过类似的抱怨，并且明确地把科学哲学中的相对主义与科学研究经费的减少进行了关联。1987年，英国权威的科学杂志《自然》在10月份刊出了一篇评论文章《科学哪儿错了》，作者是塞奥哈里斯和皮斯莫普洛斯，他们都来自伦敦帝国理工学院物理学系。这篇文章认为，西方工业国家中对科学的怀疑和不信任日益增长，由此导致了许多严重的社会后果，比如政府对科学研究的总体投入逐年减少，极端宗教激进主义的宗教派别越来越活跃，流行文化对科学越来越不友好，等等。例如，英国广播公司（BBC）1986年2月播出了一档节目，题目叫"科学是虚构的？"。其中对科学的客观性和实在性极尽贬低之能事，并得意扬扬地认为，节目中的那些观点将会对未来科学实践和科学的组织形式带来重大影响。

塞奥哈里斯和皮斯莫普洛斯将这一现象归咎为相对主义、无政府主义、虚无主义在社会文化思潮中的泛滥，而20世纪科学哲学的发展在其中扮演了极其不光彩的角色。科学哲学看似科学的哲学朋友，但是它不仅没有给科学帮上忙，反而是在给科学抹黑。《科学哪儿错了》点名批评了4位科学哲学家：波普尔、库恩、拉卡托斯和费耶阿本德。塞奥哈里斯和皮斯莫普洛斯扼要介绍了他们所理解的这几个哲学家的结论：在波普尔看来"地球是平的"是一个科学的陈述，因为它是能够被证伪的；拉卡托斯则更过分，在他眼中"地球是平的"和"地球是圆的"一样,既无法证伪也无法证实;库恩则把科学理解为一种流行的时尚,它随着人们的口味和喜好而不断变化;而费耶阿本德则最为"邪恶",他直接把科学与神话和巫术相提并论。塞奥哈里斯和皮斯莫普洛斯对这些哲学家的论调表示强烈不满,如果科学真是他们笔下的这幅形象,那么发展科学、研究科学有什么必要呢?科学哲学对人类理智中最基本的那些概念的认识,诸如客观性、真理、合理性及科学的方法等,已经走火入魔。他们呼吁,科学共同体中的成员应该对这样的情形有足够的警惕,同时也必须联合起来(包括联合那些反对相对主义的哲学家)共同抵制对科学肆无忌惮地攻击,捍卫科学的真实性和客观性。

客观地说,从动机来看,《科学哪儿错了》错误地指责了波普尔、拉卡托斯,也许还有库恩,因为他们仍然尽力想要证明科学是一项理性的事业,而不是相反;但从结果看,这种指责则是没有问题的,因为他们的研究大大推进了相对主义在文化思想中的传播。

温伯格还对相对主义为什么流行进行了简短的讨论。这是他"反对哲学"这一章内容中唯一稍微有点情绪化的部分。他认为像拉图尔这样的角色通过把科学贬低为原始人的巫术,是想要显示自己在理智上的优越感,用今天流行的俗语来说就是"秀智商"。第二次世界大战期间,美军在太平洋很多岛屿上修建了军事基地,这些岛屿上生活着不少原住民。战争结束之后,这些岛屿的军事价值完全丧失,美军全部撤离了。若干年后,人类学家重新踏上这些岛屿之后有了令人惊讶的发现:这些原住民用茅草和木材搭建起了大量像军舰、飞机这样的模型。他们相信,只要足够虔诚,他们就能像那些白人一样,从这些茅草和木材搭出来的军舰、飞机中唤出各种各样的物资和财富来。人类学中有一个专门的术语——"拜货物教",就是用来指称这种现象。温伯格说,每个人在了解到拜货物教的现象后,难免不会升腾起一种现代文明人的优越感和自豪感:相对来说,那些较为初级的文明中的人是多么幼稚和无知啊!进而,他恶趣味地推断道:科学是现代文明的核心和基石,像拉图尔这样的人在把科学贬低为一种类似于拜货物教的行为时,心里该享受到多么大的愉悦啊!

2.《高级迷信》

自20世纪70年代晚期以来,一股强劲的反科学潮流逐渐席卷西方。它开始在欧洲的(特别是法国的)思想家中流行,随后远涉重洋,在美国也产生了巨大的影响与应和。这股潮流的出现是多种因素共同作用的结果,人们对此已经有过诸多探讨,不过它属于另外一个更有挑战性的思想史课题,我们无须为此多费口舌。西方的这场反科学运动,由于思想起源参差不同,观点之间的差异巨大,不可一概而论。当然,它们共同的地方是拒绝视科学为真理的传统科学观,或者把它视为意识形态,或者认为其中渗透着性别和种族的偏见,或者把它作为科学家们编造出来的关于自然的又一种神话故事。从而,如何理解科学的合理性问题,在它们那里成了如何批判科学的合理性问题。这是反科学思想与早期科学哲学研究之间根本性的区别。

尽管如此,这股思潮中的很多都从早前的科学哲学中吸取了丰富的营养,有些甚至可以说是科学哲学的新分支。前者像阿罗诺维兹,美国颇具影响力的社会批判理论家,也是后来科学大战的主将之一,他的代表作是《作为权力的科学》。阿罗诺维兹的主要观点是,科学从根本上来说与真理和客观性无关,它整体上是资产阶级意识形态的一部分;科学不仅从结构和组织形式上完全嵌入了资本主义的社会政治结构,而且从内容上来说也反映着当代资本主义主流世界观。在他看来,破除科学身上的“真理”和“客观性”的光环,有助于民主制度的健全和社会制度的革新。《作为权力的科学》深受法兰克福学派社会批判理论的影响,同时也引用了大量像库恩、费耶阿本德及拉图尔这类人物的论点来作为论据。

后者像知识社会学中的女性主义。科学研究中的性别歧视,一直是科学社会学中一个引入注目的问题。从古至今,女性科学家的人数在科学家总人数中的占比很低，这究竟是因为男女之间生物学的差异导致的，还是因为男性主导的社会制度之下对女性的歧视而导致的呢？对于这个问题不同人有不同的主张。这类研究属于正统科学社会学的范畴。20世纪80年代，随着女权主义运动的高涨，一些女权主义者受到社会建构主义的影响，把女性主义从一般意义上的社会学研究拓展到了知识论的范畴。这就是作为知识论的女性主义。它认为近代以来的科学知识是男权社会的产物，其中同样渗透着严重的男性视角偏见，从而扭曲了对自然更为真实的理解。一些激进的女权主义者声称，要解决科学知识中的性别歧视问题，需要对自然科学进行彻底的整改，建立"女性的数学""女性的物理学""女性的生物学"等。它的代表人物之一是哈丁。在《女性主义的科学问题》中，哈丁把近代以来的物理学整体上视为男权社会的一种隐喻，大自然是沉默而没有反抗能力的女性角色，而以牛顿力学为代表的物理学则是贪婪而蛮横的男性角色。她认为，传统的科学史和科学哲学的研究，完全没有意识到男性意识在近代物理学建构中的作用，它们都只是注意到机械世界观的隐喻在其中的影响，这掩盖了历史的真相。可以说，哈丁的思想是宏观知识社会学观点与女性主义相结合的一个产物。

一一罗列这些杂七杂八的观点既无价值也背离了本书的主题。总而言之，忽如一夜妖风来，20世纪80年代晚期，各种关于科学的奇谈怪论成为时髦，一场相对主义的狂欢在西方思想界火热登场。曾经被人们用来争取自身解放的最重要的思想武器、人类福祉的最有力的保障者、象征着人类理智最高成就的科学，突然之间摇身一变，成了专制主义以及既得利益阶层最凶悍的看门狗、环境破坏的罪魁祸首、依靠花言巧语来获得权威地位的假道学。有句话可以用来形容人心嬗变之迅速，即"翻脸比翻书还快"。西方思想史20世纪末文化精英们对科学的批判，是对这句话最佳的诠释。随着这一切越演越烈，越来越多的科学工作者觉得响应《科学哪儿错了》两位作者的呼吁是非常必要的。

用《高级迷信》两位作者的话来说，"时代在呼唤一种公开的回应"，他们的这本书就这样应运而生了。两位作者中一位是生物化学家格罗斯,另一位是数学家莱维特。他们的目标是向那些形形色色“蓄意诋毁科学”的言论作出强有力的回击。在所有反击反科学的相对主义思潮的科学家的作品中,《高级迷信》是最为全面和系统的。

“高级迷信”这个名字传神地显示了作者对那些言论的强烈不满。这个书名在我的身上还引发过一段有趣的故事。某日,带孩子去学习篮球,随手带上它去消磨时间。旁边一位家长看见书名,特地凑到我跟前说:“你也喜好这个啊?”然后还一副“我懂”的表情向我眨眨眼。我好半天才回过神来,她把这本书理解为了讲述风水堪舆之学的作品,而且还是相当“高级”的那种!不过,这位家长的直觉还是不错的,格罗斯和莱维特确实把当代西方思想的反科学思潮,当作了类似于迷信的反智主义的东西,“高级”意味着它们披上了一件由华丽的辞藻和精致的逻辑编织的外衣。它们不仅言之无物,而且哗众取宠,贻害无穷,极具欺骗性。

《高级迷信》笼而统之地将反科学的主张者称为“学术左派”。使用这个意义模糊而且政治色彩浓厚的标签,其实是非常不明智的。作者显然意识到了这点,但仍然坚持使用它,是颇有些令人费解的。这个标签对整本书的论述来讲,几乎毫无意义。也许他们如此做的目的,是觉得便于探寻反科学思潮的历史文化渊源,但公允地讲,这部分内容说不上成功,明显拉低了全书的整体水平。因此,我们此处对学术左派这个概念弃之不用。

意料之中的是,格罗斯和莱维特的语言充满了火药味,攻击性十足。他们对有代表性的反科学论点几乎都进行了批评,显示出自己为此进行过精心的准备。虽然这些反科学论点数目众多且涉及领域广泛,但他们攻向每种论点时几乎用的都是相同的三板斧。逐一介绍他们对每种论点的评析是没有必要的,从三板斧中更能够充分感受到他们的辩论技巧和风格,以及立场和态度。

反科学思潮既然要反对科学,不谈具体的科学问题肯定是不行的。而反科学思潮的主张者一般来说很少会有专业的科学家(相当多的人具有一定程度的科学背景),因此他们对科学理论和科学问题的理解很容易露出破绽。格罗斯和莱维特的第一板斧就是直击其软肋,指斥那些人在对科学理论的理解上断章取义,不懂装懂,虽然是外行还硬要打肿脸充胖子。在这个问题上,他们毫不吝惜地批发使用了诸如"白痴""胡说八道""厚颜无耻"之类的词语来形容对手。

当代量子力学中的"不确定性原理"是文化建构论者最喜欢用来攻击科学客观性的一条理论,阿罗诺维兹在他的书中就大谈特谈了这个老调。他认为该原理证明科学家从科学研究中根本无法获取客观性的东西,任何所谓的科学事实都只是主体—客体相互作用之下的某种主观解释。格罗斯和莱维特指出这完全是一种错误的理解。不确定性原理只是指出了微观世界的物理学图景与人们日常对宏观世界的理解有差异,想要按照经典物理学的模式来处理微观世界的想法是行不通的,但这绝非意味着它证明了自然界是不客观的,或者人类的经验完全不能准确反映任何客观的自然事实。相反,不确定性原理不仅得到了物理观测有力的确证,而且具有强大的预言能力,它跟物理学中任何其他的定律一样,都是客观真理,完全不是阿罗诺维兹笔下那种神秘莫测、不可名状的东西。因此,"简而言之,从阿罗诺维兹的分析中,丝毫看不出他真正理解了与这些物理学进展相关的物理和数学知识"[1]。

① 格罗斯等:《高级迷信》,孙雍君译,北京大学出版社2008年第1版,第60页。

《高级迷信》对阿罗诺维兹的嘲讽算是平和的，它对拉图尔的数学能力的评语是“很幼稚、很愚蠢——他对数学简直一窍不通”[①]。不过，两位科学家这一板斧劈的方向明确，而且势大力沉，从他们的批评对象后来的回应来看，几乎没有人在类似的问题上再次接招。

格罗斯和莱维特对反科学人士中间普遍存在的一个强烈反差感到震惊，这些人的论述充满了逻辑混乱，但对自身的理论却抱有一种出奇的自负。因此，他们的第二板斧劈向了在他们看来像是破渔网一样漏洞百出的那些所谓的论证。

为了论证数学和逻辑这样的知识并非自明的、普遍的，而是同样受到社会文化“污染的”和“扭曲的”，阿罗诺维兹举了一个关于杀人犯的例子。他说，杀人犯是那些故意剥夺别人生命的人，但是在现代文化中，那些往敌人或帝国的平民头上扔炸弹的轰炸机飞行员却不被认为是杀人犯。这说明现代文化中的逻辑同样是不自洽的，首尾一贯的普遍逻辑并不存在。格罗斯和莱维特对此种奇特论证感到惊诧。他们指出，阿罗诺维兹在这里至少犯下了两个逻辑错误。首先是概念界定和偷换的错误。故意剥夺他人生命只是杀人犯的必要条件，而非充分条件。如果一个正在遭受侵害的女性开枪击毙了侵犯者，她是不会被认为是杀人犯的。往敌人头上扔炸弹的飞行员也是如此。其次，他把一个伦理学的问题当成了一个逻辑问题。说一个轰炸机飞行员不是杀人犯，在那些爱好和平以及抱有某种宗教信念的人士看

① 格罗斯等:《高级迷信》,第71页。

来,可能会引起争议。但是争议“将是围绕伦理问题进行的,而与形式逻辑无关”[1]。他们还进一步指出,在日常生活,甚至科学论文写作中,经常存在人们不遵守逻辑规则的问题。但这个事实无法证明阿罗诺维兹想要论证的那个观点,而只是说明了要掌握逻辑推理的规则实际上非常不容易,必须有足够的细心和耐心。

格罗斯和莱维特对拉图尔理论中存在的逻辑谬误的分析,与我们在前文提到的科尔、温伯格的质疑没什么不同。不过,他们紧随其后给出了一个相当强有力的诘问。拉图尔声称,他的研究基于对实验室中科学家的行为的经验观察,就像科学家研究自然现象一样。既然如此,格罗斯和莱维特追问道,什么样的理由能给拉图尔如此的信心,以至于他认为自己对实验室生活的观察报告就是真实的事实,而科学家关于自然的观察报告就是杜撰出来的呢?因此,拉图尔关于建构主义的那些长篇大论,不过是他为了达到自己预设的目的精心炮制出来的而已。

两位科学家劈向对手的第三板斧是,指责他们总是以道学家自居,随意挥舞着道德的大棒攻击那些敢于反对他们观点的人。阿罗诺维兹为什么别的例子不举,偏偏要举一个轰炸机飞行员的例子呢?格罗斯和莱维特在其中探测到了非比寻常的道德气息:

轰炸机飞行员的例子充分说明了,阿罗诺维兹运用了道德恫吓的力量。他暗示,如果读者不接受这一论证,那么他就是在私下里宽恕对无辜者进行的轰炸——

① 格罗斯等:《高级迷信》,第61页。

美帝国主义的飞行员对第三世界平民的轰炸。[①]

在两位科学家看来，这显然是有些人对西方社会中所谓“政治正确”原则的滥用。这种无关逻辑的辩论技巧，在反科学人士手里被操控得游刃有余。如果有人敢于质疑女性主义的知识论，那么就会被扣上一顶性别歧视的大帽子；如果有人敢于质疑非洲中心主义的认识论（类似女性主义认识论，认为当代科学充满了白人至上主义的偏见），那么就会被贴上种族主义的标签。这样一来，他们就宛如天神附体一样，永远立于不败之地。

使用这三板斧，《高级迷信》给人们展示了一幅幅剥去炫目外衣之后，种种反科学言论留下的真实面目，荒诞不经、支离破碎、空洞无物是它们最好的写照。刚才提到，温伯格认为像拉图尔这样的人，试图通过对科学的批评秀自己的智商。但在格罗斯和莱维特看来，这些人显然搞砸了，他们秀出来的不是让旁人高不可攀的上限，而是低于平均值的下限。两位科学家在结论中强调，科学家不仅不反对开展对科学任何文化、历史和社会学意义上的批评，而且欢迎这样的批评，但是一个基本的前提是批评者首先要对他所要批评的对象有足够的理解，甚至需要达到比较专业的程度才行。遗憾的是，对于这样一个合情合理的要求，那些反科学人士却会作出另外一种解读：

他们会把它解读为一条傲慢的意识形态指令，其傲慢之处，不下于那些拒不承认任何新入会者之心智健康的传教士。[②]

① 格罗斯等：《高级迷信》，第62页。

② 格罗斯等：《高级迷信》，第273页。

因此,他们对科学的各种批评和指责,只能是无本之木、无源之水,丝毫没有任何根据。无论他们如何夸夸其谈、强词夺理,他们的结论也是不值得科学家过多关注的,个中缘由非常简单:

这不是出于对其既有"地盘"的盲目维护,也不是出于其恃才傲物的秉性,而是因为这些批评根本就驴唇不对马嘴,几乎没有半点切中科学家在现实工作中每天都在绞尽脑汁思考的东西。[①]

《高级迷信》中译本的译者说,这本书一个非常鲜明的特色是它的文风"盛锐而不凌人",这个判断显然不是基于事实,而是基于情感。尽管很多时候,格罗斯和莱维特把科学家的身段和姿态放在非常谦卑的位置上,然而,在批评对手们站在道德高地上对科学和科学家颐指气使的时候,两位作者所使用的语气和词汇,很难让人觉得他们是在与对手们心平气和地摆事实讲道理。在这个过程中,对科学知识的熟练掌握给他们带来的自豪感和优越感,毫不掩饰地溢于言表。这一点姑且不论,我们来看看他们设想的一个虚拟的场景,其中包含着的自负和傲慢令人无比惊愕。两位科学家用一种漫不经心的语气写道:

假如MIT的人文科学系(顺便说一句,这里是左翼正统的精神堡垒)愤而罢工的话,那么危难之际,只要投入足够的时间,自然科学教师就能填补上任何一门完全由科学家们自己执教的人文学科课程。可想而知的是,

① 格罗斯等:《高级迷信》,第273页。

> 与现有的人文学科课程相比，由自然科学家们执教的相关课程肯定会存在着明显的差距与粗疏之处，在内容上也许会普遍显得有些空洞，但大致上也差不到哪里去。但在相反的情况下，假如自然科学家们罢工，由人文科学系尝试着应付自然科学教育的要求时，结果会怎样呢？①

如果这样一种赤裸裸的蔑视，还只是“盛锐而不凌人”的话，那么人与人之间就几乎不存在任何语言暴力了。我们在第四章末尾提到，劳丹曾经对科学是否值得支持，应该多大程度上得到支持，给出了严肃的追问。从立场上来说，劳丹与《高级迷信》的两位作者站在同一阵线上，他在1990年出版的《科学与相对主义》中对反科学思潮进行过严厉的批评。然而，作为人文科学中的一员，他会怎样看待上面这段话呢？

正是《高级迷信》这种麻辣的风格，催生了一场文化领域的大事件。

3. 科学大战

《高级迷信》的出版，给那些本来就处于亢奋状态的科学批评者的神经中枢，又直接注射了一支强力兴奋剂。来自科学团体中的保守主义分子，适逢其会地给他们送上来了一个期待中的靶子，还有比这更美妙的吗？在他们看来，格罗斯和莱维特尖酸刻薄的语言和不留情面的挖苦，恰好是被踩住痛脚之后的歇斯底里。这证明了对科学进行文化批评的正当性和重要性。在当时，

① 格罗斯等：《高级迷信》，第282页。

《社会文本》是一本非常有影响力的期刊,是反科学人士的一个相当重要的阵地,针对《高级迷信》,期刊的编辑们策划在1996年组织一次特别的专号,集中优势炮火,给它以迎头痛击。专号定名为"科学大战"。就这样,格罗斯和莱维特点燃了引爆火药桶的导火索。

然而,一个意料之外的插曲把科学批评者们精心部署的战役变成了一场闹剧。索卡尔,一位从事理论物理研究的学者,以一种理工男特有的思维方式,给这场在其策划者眼中为了保卫自己的价值观而开启的圣战,添加了很多给人们带来快乐的喜剧元素。身为一个科学家,索卡尔与《高级迷信》的两位作者一样,深感自己的职业生涯和价值观受到了那些反科学言论的极大侮辱,便决心按照物理学通常喜欢的方式,用具体的实验来展开反击。《高级迷信》已经用犀利的言语,揭露了反科学言论假大空的本色,但这还远远不够。物理学中的争论,从来不是靠逻辑来解决的,而是靠事实来分出胜负的。就像相对论,不是因为爱因斯坦的论证有多严密而获胜,而是人们确实观察到了光线在通过太阳附近时发生了偏折。所以,在索卡尔看来,反科学的主张者只是一帮子党同伐异、立场胜于逻辑和事实的夸夸其谈的货色,单从逻辑上论证反科学言论站不住脚,只是打垮它们的第一步,要想彻底击败反科学人士,需要用无可辩驳的事实来证明他们确实缺乏足够的辨别力和严谨、踏实的学术态度。

遵循这种思路,索卡尔开始了他的验证之旅。他费尽心机地撰写了一篇论文,其中大量引用了反科学人士特别喜欢的一些观点(主要是堆砌,而非论证),然后以一个职业科学家的身份对这些观点高唱赞歌,认为科学正如他们批评的那样,正在堕落为一种权力的游戏,而不是对自然实在无偏见的探寻。当然,重要的是其中埋入了很多地雷。索卡尔在文中故意对一些数学和物理学的知识进行了似是而非的错误解释,其中有些甚至很初级,比如他把圆周率视为一个有理数。随后,他把这篇在他看来毫无逻辑、胡言乱语的论文投寄给了《社会文本》编辑部。

实验完全如索卡尔预想的一般顺利。大战将起，竟然有敌方阵营的大将于阵前起义，求贤若渴的科学批评者们大喜过望。他们迅速接收了索卡尔提交的论文，将它放于“科学大战”专号中刊出。他们既没有对这篇论文进行认真的审查，也没有发现其中那些明显的破绽，更没有意识到迎来的不是一个战利品，而是一匹暗藏杀机的特洛伊木马。

等到论文刊出之后，索卡尔给《社会文本》的编辑们写了一封揭露谜底的信，坦承了他写这篇论文的目的，以及其中存在的种种错误之处，并希望该期刊能够把这封信登出。一般来说，普通人被打了左脸，是很难做到把右脸也伸出去让别人再打的。《社会文本》的编辑们也都是普通人，因此他们毫不犹豫地拒绝了索卡尔的无理要求。索卡尔把这封信转投到另外一家杂志登出。于是，科学大战，以这样一种奇异的方式直接被推向了高潮。

由于索卡尔的本色出演，科学的文化批评者发动的科学大战，还没有开始就已经注定将拥有一个比较黯淡的结局。从伦理学和道德的层面来看，索卡尔的所作所为大有值得商榷之处，但从结果来看，他的实验很好地达到了目的。正像他以及他的盟友所希望的那样，反科学人士没有通过考验，这项实验证明了他们种种浮华的言论中确实存在大量的泡沫。科学大战之后，动辄把相对论、量子力学、混沌、进化论等科学理论挂在嘴边并加以随性解释的哲学家，大为减少。而在20世纪80年代，这可是相当流行的一种写作方式。如果要说科学的卫道士在这场战役中取得了什么样的胜利，这应该是唯一的一个。

在《高级迷信》1997年的新版序言中，格罗斯和莱维特暗示，科学家们在这场由对手挑起的科学大战中已经取得了压倒性的胜利，反科学的种种主张在强大的逻辑和事实面前已经破产。一个显著的例子是，曾经有人试图提名拉图尔为普林斯顿高等研究院社会学系永久成员，结果由于众多科学家的反对而不了了之。格罗斯和莱维特认为，很多曾经的反科学人士大踏步后撤，主动放弃了他们曾经攻占的领地。不过，他们显然高估了科学家在这场科学大战中完胜的意义。拉图尔在之后的职业生涯中仍然混得风生水起就是最好的明证。至于说对手已经承认失败和缴械投降,更是一种盲目乐观的无稽之谈。《社会文本》的“科学大战”专号中收录了哲学博士哈特撰写的一篇对《高级迷信》的文本进行分析的文章,哈特把两位作者用来对付敌人的三板斧,一丝不差地全部用在了他们身上。哈特指出,断章取义、逻辑混乱以及施行道德绑架最好的教材不是《高级迷信》攻击的那些哲学作品,而是它自己。如果不带偏见地去看哈特的文章,很难认为他说的没有丝毫道理。

像索卡尔、格罗斯和莱维特这样的科学卫道士,犯了一个严重而不易察觉的逻辑错误:驳斥对手的论点与捍卫自己的论点未必是等价的同一回事。他们满足于通过讥笑对手的无知和逻辑混乱而获得的快感,但没有意识到,这不能证明对手提出的问题毫无道理,更不能证明自己的立场没有任何问题。就像格罗斯和莱维特曾经机智地指出的那样,人们在现实生活中常常违反逻辑,但这证明不了他们不讲逻辑,更不能证明一种普遍的逻辑不存在。

索卡尔们坚守的立场,是一种古老的关于科学的信条:科学是一项关于理性和事实的事业,它是自治和封闭的。所谓自治,指的是只有具有特殊能力(当然,这种能力主要通过后天习得,而非某种神秘的天赋)的人才能获得科学知识,也只有同样的人才能评价科学知识;所谓封闭,意味着科学的自治性能够有效排除任何外在的社会文化因素的污染。这样的信条至迟在最早的一批科学家中就已经成了共识。哥白尼曾经在他的《天体运行论》中断言:天文学的书籍是写给天文学家看的,就相当明确地表达出了这种意思。当代科学共同体中实行的“同行评议”是它最完美的实践形式。如果逻辑经验主义者的理想能够成功,这个信条大约就能够成立。遗憾的是,我们都知道,他们的结局是悲剧性的。索卡尔们没有注意到这一点,他们仍然把这个信条当成了自明的、无须论证的逻辑前提。

然而,持有相对主义立场的反科学人士质疑和批评的正是这一点,他们认为这个前提不是自明的,而是需要证明的,可是无论是科学家还是哲学家从来都没能证明它。既然如此,科学的自治和封闭就是一个完美的神话,对现有科学知识加以社会学的分析就是合理和正当的,而且另外的与现有科学完全不同的新“科学”,比如女性主义的科学,也是完全可能的。反科学论者有权利持有这种立场吗?或者说这个立场绝对是错的吗?这两个问题的答案都是不言而喻的。举个例子,一个陌生人向你借钱,他声称他最诚实守信,你就会把钱借给他吗?显然不会。你会告诉他,不是我不信任你,而是你需要先把你的诚实证明给我看。那么,科学家宣称自己是客观地、中立地研究自然,他们所获得的知识都是对自然最可靠的反映,其中完全不受任何意识形态和金钱利益的干扰,人们又凭什么必须相信他们的说法就不是欺骗呢?按照反科学人士的观点,对现代科学的历史、社会学的研究不仅不能证明科学的自治,反而证明了科学完全是被政治和文化渗透的。

无论格罗斯和莱维特如何成功地表明了对手的言论有多么假大空,也无论索卡尔如何漂亮地证明了对科学进行文化批评的那些人有多么不严谨,都无法为自己坚守的立场增添任何砝码。敌人的论证是错的,并不必然表明他们想要论证的题目同样也是错的。就像我们不能因为一个学生写错了一道数学题的答案,就认为那道数学题是错的一样。科学的卫道士们后来把反击对手的文章编辑成册,取名为《沙滩上的房子》,其中的寓意一目了然——反科学的种种胡说八道都是建立在流沙之上的房子,没有任何根基可言。问题是,嘲笑别人的房子建在沙滩上,就能证明自己的居所是一个牢不可破的坚固殿堂吗?用劳丹讽刺知识社会学的话来说,如果要是这样的话,哲学的思考也就“太容易了”。

萨顿在《科学史和新人文主义》中谴责了两种人,一种是抱残守缺、固守传统的文人墨客,另一种是功利主义十足、视野狭隘的科学家。前者对古典的人文主义抱有一种堂吉诃德式的迷恋,认为那才代表着人类的高贵和优雅,他们对科学展示的最新的宏大图景视而不见,甚至刻意嘲讽;而后者则把前者所珍视的那些东西视为矫揉造作的无病呻吟,他们只注重科学给自己和他人带来的物质财富。萨顿认为,这两种典型的人物在当代社会中广泛存在,他们都是一个理想、和谐社会的障碍物。斯诺在30年之后,用“两种文化”这个论题重复了萨顿的观点,并且把它变成了一个为人们津津乐道的话题。他们二人大致都把当代社会中这样一种令人注目的缺陷,归咎于专业分化带来的教育问题。自斯诺之后,专业训练的差异导致的文化分裂和冲突成为人们解释和描述各种文化争论的一个便利的视角。

20世纪末期的科学大战,再次让斯诺的“两种文化”成为一个流行语。当格罗斯和莱维特将他们的炮火无差别地覆盖整个人文学科,而一些历史学家、哲学家、文学家和社会学家愤而谴责他们在历史、哲学上的无知时,两种文化暗示的那种图景在现实中似乎显得特别生动。这在很多人看来再一次印证了两种文化的鸿沟和当代教育的失败。但是,所谓“两种文化”其实是一个虚化的概念,它的确切指向是什么?某种政治意义上的左派和右派?自然科学与人文学科?还是什么别的东西?这并不是那么容易弄清楚的问题,而且可能也是无法弄清楚的问题。

最简单的现成例子,《沙滩上的房子》总共收录了18篇文章,涉及16位不同的作者,其中从事科学研究工作的有8人(其中一人是生物学和社会学双料博士),其余的几乎都是清一色哲学和历史学方面的学者。从文章所反映出的政治立场(有些文章述及,有些则没有)来看,显然无法认为他们一致支持某个特定的主张或派别。相对应的,“科学大战”专号在后来也以《科学大战》的名字编辑为单行本出版(索卡尔那篇著名的假论文当然被排除在外了),这部作品共有19位作者,其中4位算是科学工作者,与《沙滩上的房子》的作者群一样,他们之间的政治立场也不相同。因此,科学大战虽然涉及自然科学与人文科学,科学家与人文学者,而且在这场大战中捍卫科学的人中科学家的数量也许要多些,反科学的人中人文学者的数量也许要多些,但要把它理解为人们由于专业背景或者政治立场的差异而导致的两种文化的争斗仍然是牵强附会的。

如果说科学大战并不由专业背景和政治立场决定，那么反科学人士不屈不挠地坚持批评科学的正当权利，以及指摘现代科学越来越受制于意识形态和统治阶级的权力和利益，究竟是因为什么呢？哈丁在写给《科学大战》的文章中有一句看上去机智、俏皮而且充满情怀的对科学的反讽：

> 假如您想从事现代大农场经营，现代技术科学群可以帮助您；假如您希望维护一种脆弱的生态环境和生物多样性，起码到现在为止，这些科学帮不上什么忙。[①]

《科学大战》的主编罗斯，在为其所写的引论中引用了这句话，并对其中的洞察力表示赞赏。沿着这种思路，罗斯呼吁人们不要被科学家所谓专业的训练和知识上的权威地位所吓倒，每个人都有权利对那些自以为是的科学家的成果进行评价和表达意见，因为它们实际上已经被国家、军队和大型跨国公司所控制，既不客观也不真实，而仅仅是为了那些组织和机构的私利服务的产物。

为了击败"科学"这个当今社会最大的怪兽，罗斯希望能够有一场全民参与的战争。只有人们充分意识到这个问题的重要性，并且积极行动起来，建立起各种各样的"新科学"，并与现在这个怪兽相抗衡的时候，现代性的环境危机和资本主义对人的奴役才能从根本上得

① 哈丁：《科学是"不错的思考材料"》，罗斯主编：《科学大战》，江西教育出版社2002年第1版，夏侯炳等译，第22页。

到解决。他用一个布道者的语气循循善诱地说道：

> 我们需要非科学家参与有关科学的优先级的决策："为人民的科学"这个概念比以往任何时候都更加重要，而现在又比以往任何时候都更加遥远。我们必须承认科学不止一个版本，因为如果只有单一的方法，那么它总能将其社会致污物"清除"掉，并重新加以强化。我们需要围绕生存环境中依据人们的经验而建立起来的多种科学方法，这种环境是与实验室仪器构成的那种封闭环境对立的。[①]

透过哈丁和罗斯这些言辞，我们能够清晰地感知到他们深藏在内心深处的那种高尔吉亚式的怀疑主义。他们不打算相信任何人，尤其不打算相信高度系统化、组织化的社会机构。在他们的眼中，他人都是居心叵测的，越是声称自己握有真理的聪明人越值得警惕；那些所谓的权威机构，越是高调越需要认真地加以审视，它们不像声称的那样是为了人们服务，而是日益盘算着如何从人们身上掠夺更多。因此，"三个臭皮匠，赛过诸葛亮"不仅仅是一句谚语，而且是哈丁和罗斯等人的人生的伟大指南。他们深信，一个所有人都是科学权威，所有人都按照自己的科学生活的社会，才是人世间最大的乐土。只有在这样的社会里，强权和知识才不会有狼狈为奸的机会，人们才有自由地选择和学习自己想要的那些知识的机会。

当然，我们已经说过，这样的怀疑主义最终连自己也会被自己否定。哈丁的那段反讽中的机灵和情怀都

① 罗斯：《科学大战引论》，罗斯主编：《科学大战》，第18页。

是非常廉价的，如果今天的科学在保护一个脆弱的环境时帮不上忙，那么什么样的科学才能帮上忙呢？哈丁式的“女性主义的科学”还是罗斯的“人民的科学”？它们是什么样子的？能够建立起来吗？好吧，假设哈丁成功建立起了一种与现代科学完全不同而且更好的科学，我们姑且叫它“哈丁的科学”。只要怀疑主义的幽灵还在人们心目中徘徊，同样机灵和充满情怀的感叹还会再次出现：

> 假如您想维护一种脆弱的生态环境和生物多样性，哈丁的技术科学群可以帮助您；假如您希望经营一家现代化的大农场，起码到现在为止，哈丁的科学帮不上什么忙。

所以，20世纪晚期的反科学浪潮，本质上不过是古老的高尔吉亚式绝对怀疑主义的现代产儿。它对科学发动的攻击，不是因为科学有什么错，而是因为科学是这个时代最大的偶像。一个彻底的怀疑主义心灵是永远无法得到满足的，也是永远不可能被驳倒的。这也是我们说科学大战没有所谓胜负的原因。

总而言之，科学大战虽然万众瞩目，牵连甚广，但是围绕它所展开的种种讨论，不管哪一方的，都不值得过多的关注。如果想从那些花哨的言辞中寻找一些真知灼见，犹如大海捞针。当然，如果想提高辩论技巧，在不动声色的情况下把对手贬斥得一无是处，那么仔细阅读它们将会有远远超过预想的巨大收获。

4. 本章小结

哲学家对科学是什么的讨论，在科学家中间没有激起太多反响。这固然跟学科的隔离有关，但更重要的原因是，哲学家关心的那些问题，在科学家看来是无足轻重的。在科学家眼里，如何观察自然、如何评价和检验一个科学理论，这是一个实践问题，而不是一个理论问题，它们需要的是实践训练而不是空洞的理论探讨。因此，在20世纪80年代之前，很少有科学家会主动在公开场合大张旗鼓地讨论哲学家关于科学的各种主张。

20世纪80年代后期，哲学家对科学的看法越来越激进，这逐渐引起了科学家的不满。他们认为这些激进的主张败坏了科学的声誉,对科学的发展不利,也无助于人类长远的福祉。于是开始有科学家自觉地批判它们,这最终引发了20世纪90年代的科学大战。尽管科学大战表现为不同学科之间的学者的相互攻讦,但究其本质是怀疑论者与非怀疑论者之间的争论。

科学大战中的那些观点充满了意气用事的成分,它们中的大部分并没有什么价值,但是科学大战本身却是值得我们认真思考的。自科学在近代诞生以来,它一直被认为是真理或者是真理在某种程度上的显现,也一直被认为是人类文化系统中最珍贵的部分,而且也是唯一有希望不会引起太多争议的具有普遍性的知识。然而,科学大战却使得我们意识到,这种理想的根基是多么的脆弱。这不能不让我们担心,如果连在科学这样的事物上都无法达成一个有效的共识,那么还能指望人们在什么问题上达成共识呢?

1997年,科学大战引发的争吵正在如火如荼地进行着,亨廷顿出版了一本畅销书——《文明的冲突与世界秩序的重建》。这也许不是一个偶然的巧合,更像是同一种东西在不同领域的体现。尽管亨廷顿认为不同文明之间的彼此了解和相互对话非常重要,但在字里行间却表达了对结果的悲观预期。时间过去了整整20年,虽然科学仍然日新月异、高歌猛进,亨廷顿最为黯淡的预言也没有发生,但是从文化思想的氛围来说,与20年前相比,当今时代没有根本性的转变。一般来说,当否定一切的怀疑主义出现之后,思想就会丧失对他者的兴趣和沟通的欲望,转而更多地关注和保护自身。当前国际政治的一些新的变化,如各种民粹主义和孤立主义的抬头,也许正是思想的这种状况在现实之中的映射。

不过,历史的洪流也许将会证明我的这些言辞不过是毫无意义的杞人忧天。从古至今,虽然遭受的挑战和面临的困境数不胜数,但每一次人类都成功地跨越了它们。科学与反科学的争论虽在理论上无法分出胜负,但在实践中却能够决出雌雄。

跋

我思故我来：一个哲学工作者的独白

一

当我还是学生的时候，几乎每年都坐火车回家。那时候的火车还不算快，从北京到我的家乡，需要48个小时，甚至更长。在漫长的旅途中，与来自天南海北的同路人聊天不仅是一个打发时间的好方法，也是一个增长见识的好机会。现在火车变成了高铁，速度是快了不少，但与同路人聊天的机会却少了许多。

下面的场景，几乎在每次往返家乡的旅途中都会重复发生。

“小伙子，你是干什么的啊？”

“我在读研究生。”

“哦，不错啊！小伙子有前途！”问话的人眼睛一亮，继续问道，“在哪个学校啊？”

“人民大学。”

“哇！这么棒？学什么专业？”问话的人眼睛更亮了。

“哲学。”

“哦——”问话的人通常会有一个意义难明的拖长

音，然后是略带闪烁的眼神重新打量我。

接下来，老于世故的人为了避免友好的谈话氛围被某种微妙的尴尬打破，会说：“哇，好厉害！是不是只有聪明的人才能学哲学呢？”我微笑。

而有些自诩洞悉中国官场文化的人会阴阳怪气地调侃：“学哲学是不是想当官啊？”我继续微笑。

当然，也有很多直性子的人很干脆：“哲学好高深啊！可它有什么用呢？”我保持着微笑。

二

说实在的，保持微笑不是故作高深而只是出于礼貌，因为我没法回答那些问题。

火车穿过茫茫原野，奔驰在崇山峻岭中，向前延伸的铁轨似乎没有尽头，看着窗外飞速后退的风景，心中常常一阵失神。在这个热火朝天的时代，自己只是一个坐车的旁观者。

选择哲学也许是冥冥中注定，也许只是一个纯粹的偶然。大学本科的专业是物理学，但平时也喜欢看些杂书，马克思、恩格斯、尼采、罗素、老子、庄子、韩非子，没有人指导，也没有什么规划，随心所欲地找到什么就看什么。马上要毕业了，看到很多同学都在准备考研，心想那就也考一个吧。跟朋友去买考研参考书，最开始想要报考经济学，结果看到满满一架子书直接就懵了。朋友想报考本专业，目的明确，很快就选好了，看见我在发呆，就四处闲逛。忽然，他有了发现，对我喊道：“要不考这个专业咋样？”我接过他手里的书，定睛一瞧：《科学技术哲学导论》。我的人生轨迹就此确定。

所以，虽然说选择了哲学，但是哲学是什么，为什么要学习哲学等这类问题在一个年轻的心灵里其实根本没有得到解决。隐隐地，有时觉得自己似乎错过了一个变革的、激动人心的时代，毕竟其中诞生了如此多的英雄和他们的传奇。每当坐在火车上的时候，想起铺就铁轨的千千万万的人们，心中都感叹，与他们比起来，自己毫无用处。

在很长的时间里，我都把心中的这种感叹归因于过分敏感的伤春悲秋。直到读的书多了，才发现，事情比我想象的有趣。200多年前，哲学家休谟写下了如下这段话：

> 一个纯哲学家的为人，是不常受世人欢迎的，因为都以为他不能对社会的利益或快乐有什么贡献；因为他的生活同人类远隔了，而且他所沉醉于其中的各种原则和观念也都是人们一样也不能了解的。[①]

100年前，历史学家萨顿则更加生动形象地表达了同样的意思：

> 这真的值得吗？我是走在正确的道路上吗？为什么要考察过去？为什么不让过去的事过去算了？为了前进，甚至只是为了生存，有那么多要做的事，有那么多实际问题需要立刻得到解决。不再为了展示无法挽回的过去而受尽无穷的痛苦，而去种庄稼、养牲畜、烤面包、修道路、帮助那些穷苦的人们，不是更明智一些吗？难道我不像是一个繁忙世界上游手好闲之徒吗？在那远处的山岗上或山谷中的每一间房子里，都住着一些正在一件接一件忙个不停地做着一些迫切工作的人们，他们简直没有时间去思考或者去幻想，他们被生活之需要的激流裹挟而去。[②]

类似的这些文字让我释然，哲学或者说纯学术的研

① 休谟：《人类理解研究》，第11页。

② 萨顿：《科学史与新人文主义》，陈恒六等译，上海交通大学出版社2007年第1版，第1页。

究是无用的，这是从事这些工作的人们的共识，它与我的多愁善感毫无关系。

三

人生的意义和价值是创造出来的。休谟和萨顿都是了不起的人物。休谟说他既无心富贵，也无心文名，可是他不仅闻达于诸侯，积累了丰厚家资，而且文名垂于青史。萨顿转过山谷，为古代罗马人的遗迹所陶醉，最终成为一代宗师。

哲学既不能让我成为一个像休谟那样的外交官，也不太可能给我带来多少财富，像萨顿那样开山立派也不过是不切实际的奢望。当我想明白这一点的时候，内心的困惑一扫而空，唯一剩下的是安宁和平和。如果这时候再有人问我，哲学有什么用？我会优雅而肯定地告诉他，它没什么用。而不会只报之以莫测高深的微笑。

写这本书的时候，想明白了一些原本没想通透的问题，说出了一些以前的人们没有注意到的东西，澄清了一些原本存在的误会。在人类精神世界的整个汪洋大海里，这些连一片小小的浪花也算不上。它们大概也没什么实际的用处。但是于我而言，它们却是哲学给我带来的全部。在念头通达的那些瞬间，我充分感受到了心灵的满足和畅快，它似乎幻化成了一只快乐的小鸟，在蓝色的天空下自由地飞翔。这就已经足够。我想，这大致就是王小波说的“思维的乐趣”，或者洛夫乔伊说的“形而上学的激情”吧。

鉴于当事人不可能提出什么抗议，我篡改了笛卡儿的“我思故我在”。人之所以为人，而不是其他别的什么东西，只是因为他会思考。所以，思考也许才是人们来到这个世界的根本目的。

当我写完这些文字的时候，北京踏进入冬以来最寒冷的一周。不过，窗外阳光明媚。

马建波

2018年1月23日于人民大学青年公寓

中外文人名对照表

阿基米德	Archimedes
阿罗诺维兹	Stanley Aronowitz
艾耶尔	Alfred Jules Ayer
爱丁顿	Arthur Eddington
爱因斯坦	Albert Einstein
柏拉图	Plato
贝克莱	George Berkeley
波普尔	Karl Popper
玻尔	Niels Bohr
伯特	Edwin Arthur Burtt
布劳德	Charlie Dunbar Broad
布鲁尔	David Bloor
布鲁诺	Giordano Bruno
达尔文	Charles Darwin
但丁	Dante Alighieri
道尔顿	John Dalton
迪昂	Pierre Duhem

笛卡儿	René Descartes
杜威	John Dewey
凡尔纳	Jules Verne
费恩曼	Richard Feynman
费耶阿本德	Paul Feyerabend
弗雷泽	James George Frazer
弗洛伊德	Sigmund Freud
哥白尼	Nicolaus Copernicus
格罗斯	Paul Gross
哈丁	Sandra Harding
哈特	Roger Hart
海森伯	Werner Heisenberg
汉森	Norwood Russell Hanson
黑格尔	Georg Wilhelm Friedrich Hegel
黑森	B. Hessen
亨廷顿	Samuel P. Huntington
怀特海	Alfred North Whitehead
霍根	John Horgen
霍斯金	Michael Hoskin
居里	Pierre Curie
居里夫人	Marie Curie

凯库勒	August Kekulé
康德	Immanuel Kant
考夫曼	Walter Kaufmann
柯瓦雷	Alexandre Koyré
科恩	I. Bernard Cohen
科尔	Stephen Cole
克鲁泡特金	Peter Kropotkin
孔德	Auguste Comte
库恩	Thomas Kuhn
库萨的尼古拉	Nicholas of Cusa
拉卡托斯	Imre Lakatos
拉马克	Jean-Baptiste Lamarck
拉图尔	Bruno Latour
莱布尼茨	Gottfried Wilhelm Leibniz
莱维特	Norman Levitt
赖欣巴哈	Hans Reichenbach
李森科	Trofim Lysenko
林奈	Carl Linnaeus
卢卡斯	S. Lukes
罗蒂	Richard Rorty
洛夫乔伊	Arthur Oncken Lovejoy
洛克	John Locke
马尔萨斯	Thomas Robert Malthus

马赫	Ernst Mach
马克思	Karl Marx
麦克斯韦	James Clerk Maxwell
曼海姆	Karl Mannheim
摩尔	Henry Moore
默顿	Robert K. Merton
穆勒	John Stuart Mill
内格尔	Ernest Nagel
尼采	Friedrich Nietzsche
牛顿	Isaac Newton
欧多克索	Eudoxus
欧几里得	Euclid
帕斯卡	Blaise Pascal
培根	Francis Bacon
皮斯莫普洛斯	Psimopoulos
普朗克	Max Planck
普里斯特利（又译普利斯特列）	Joseph Priestley
普特南	Hilary Putnam
萨顿	George Sarton
塞奥哈里斯	T. Theocharis

塞蒂纳	Karin Knorr-Cetina
斯密	Adam Smith
斯诺	C. P. Snow
索卡尔	Alan Sokal
汤姆孙	J. J. Thomson
图尔明	Stephen Toulmin
托勒密	Ptolemy
温伯格	Steven Weinberg
伍尔加	Steve Woolgar
休谟	David Hume
亚里士多德	Aristotle
扬	Robert Maxwell Young

图书在版编目(CIP)数据

科学之死:20世纪科学哲学思想简史/马建波著.—上海:上海科技教育出版社,2018.8
(2022.6重印)
ISBN 978-7-5428-6754-4

Ⅰ.①科… Ⅱ.①马… Ⅲ.①科学哲学—哲学史—20世纪 Ⅳ.①N02

中国版本图书馆CIP数据核字(2018)第131460号

责任编辑 王 洋
装帧设计 杨 静

本书获北京市科协青年科普出版项目资助
科学之死——20世纪科学哲学思想简史
马建波 著

出版发行 上海科技教育出版社有限公司
(上海市闵行区号景路159弄A座8楼 邮政编码201101)
网 址 www.sste.com www.ewen.co
经 销 各地新华书店
印 刷 天津旭丰源印刷有限公司
开 本 720×1000 1/16
印 张 17.25
版 次 2018年8月第1版
印 次 2022年6月第2次印刷
书 号 ISBN 978-7-5428-6754-4/N·1036
定 价 50.00元